阳台种出有机菜

YANG TAI ZHONG CHU YOU JI CAI

廖满英 / 主编

中国林业出版社

《阳台种出有机菜》编辑委员会

主　编： 廖满英

编　委： 成育芳　张黎黎　李香香　刘艳军　于　涛
孙丽娜　赵　蕾　赵春娟　赵　慧　夏　欣
张　舫　陶红梅　吕文静　齐丽娜　邹原东
范继红　白雅君

图书在版编目（CIP）数据

阳台种出有机菜 / 廖满英主编. —北京：中国林业出版社，2012.11

ISBN 978-7-5038-6795-8

Ⅰ. ①阳… Ⅱ. ①廖… Ⅲ. ①蔬菜园艺－无污染技术 Ⅳ. ①S63

中国版本图书馆CIP数据核字（2012）第244948号

责任编辑： 何增明　印　芳

出版： 中国林业出版社
（100009　北京西城区德内大街刘海胡同7号）
E-mail：cfphz@public.gov.cn
电话：（010）83227584
传真：（010）83286967
网址： hppt://lycb.forestry.gov.cn
发行： 新华书店北京发行所
印刷： 北京华联印刷有限公司
版次： 2013年2月第1版
印次： 2013年2月第1次
开本： 880mm × 1230mm　1 / 32
印张： 4.5
字数： 120
定价： 29.00元

前言

居家种菜其实并不难，只要你有一亩三分地，即可撸起袖子创造你的个性菜园。没有田地不要紧，自家的阳台、屋顶，甚至窗台，都可以用来种菜，只要你选对种植时节，掌握好种植技巧，巧妙运用种植工具，就可以搭建一片属于你自己的绿色庄园。

近年来，蔬菜价格猛涨，食品安全问题日益严重，在这种情况下，阳台种菜渐渐的步入人们的眼帘。不管你是因为菜价长的过快，还是想怡情养性，为家里增添食源，美化环境，给孩子创造自然课堂，居家种菜都会满足你这些要求。尤其在农药、污染的顾虑下，能吃到健康美味、且营养丰富的蔬菜的同时，还能为家里节省一笔开支。

生活在都市中的人们，难免会心生浮躁，精神紧张，无法放松，这时，不妨种几盆蔬菜，让自己的心沉淀下来。相信每当你下班回家看到阳台上郁郁葱葱的蔬菜，定会让你忘记所有烦恼，仿佛投身到大自然的怀抱。

对于没有种植经验的人来说，刚开始种植蔬菜都会有失败的经历，即便这样，也是勇于尝试的第一步，你一定也会从中找到很多的乐趣。特别是与家人一起劳作时的快乐，以及看着孩子每天围着一盆盆幼苗认真观察的样子，都时刻让你感受到幸福的存在，会让你觉得，种菜不仅是为了收获果实，而是为了体会家庭的和谐与快乐。

人们常说，养花可以陶冶性情，而种植蔬菜则是考验人的耐心。只要你有兴趣，有信心，就一定能收获丰富的果实。而且，添加自己汗水的蔬菜，可以特别的甜哦！所以，就以愉悦的心来种植蔬菜吧，蔬菜也会因此更甜。

本书挑选了很多我们经常吃，且营养丰富的蔬菜，不仅种植方法简单，而且种植步骤详细，更是将种植经验一一呈现给大家。全书均配有全彩图片，生动形象地向大家展示阳台种菜的基础知识、具体操作步骤、蔬菜搭配禁忌及关于阳台种菜的问题与解答。其中，我们针对每种蔬菜还精心编写了“蔬菜小知识”，不仅教你如何保存采收完的新鲜蔬菜，还有如何食用更美味等小知识，让你在懂得种菜的同时，更懂得保存和食用美味的蔬菜。

目录

前言

为什么要自己动手/ 1

PART 1

事先准备简单却重要/ 5

阳台朝向很重要/ 6

开放式与封闭式阳台大比拼/ 7

蔬菜培育小常识/ 8

种植用具全掌握/ 11

土壤选择很重要/ 17

使用有机肥，蔬菜营养又漂亮/ 19

蔬菜有伴更健康/ 21

天然农药更安全/ 22

空间利用小窍门/ 25

PART 2

随时采摘的茎叶蔬菜/ 27

生菜/ 28

菠菜/ 32

茼蒿/ 35

小白菜/ 38

小油菜/ 41

苦菊/ 44

香菜/ 47

香葱/ 50

洋葱/ 53

大蒜/ 56

韭菜/ 59

紫苏/ 62

芝麻菜/ 65

西兰花/ 68

PART 3

漂亮又甜美的果菜/ 71

圣女果/ 72

茄子/ 75

黄瓜/ 79

苦瓜/ 82

小南瓜/ 85

甜椒与辣椒/ 89

毛豆/ 92

豌豆/ 95

菜豆/ 98

草莓/ 101

花生/ 105

PART 4

耐储藏的地下茎及根菜/ 108

樱桃萝卜/ 109

迷你胡萝卜/ 112

小芜菁/ 115

土豆/ 118

生姜/ 122

PART 5

营养丰富的芽苗菜/ 125

萝卜苗/ 126

豌豆苗/ 127

黄豆芽/ 129

附录一 食物搭配禁忌/ 130

附录二 阳台种菜问题&解答/ 133

为什么要自己动手

目前我国市场的蔬菜分普通蔬菜、无公害蔬菜、绿色蔬菜和有机蔬菜几种。无公害蔬菜和绿色蔬菜均为中国特有，有国家标准，也有相应的政府部门监管，这两类蔬菜在化肥和农药的使用上有严格限制。不过从安全性上来说，与完全不使用农药，而使用天然肥料的有机蔬菜还是有一定距离。有机蔬菜是指在蔬菜生产过程中严格按照有机生产规程，不使用任何化学合成的农药、肥料、除草剂和生长调节剂等物质，而是遵循自然规律和生态学原理。

有机蔬菜的种植讲究的是安全、自然的生产方式，可以很好地促进和维持生态平衡。有机蔬菜无化学残留，口感佳，而且已被证明比普通蔬菜更具营养。

绿色环保、安全放心

自己动手可以种出真正的有机蔬菜，没有残留农药的危害，也不用担心有激素、甲醛等化学品危害家人健康，特别是对于宝宝以及准妈妈们尤其有必要。

怡情养性的休闲方式

居家种菜就像养花弄草一样，能在喧嚣之中，静下心来，体会到田园生活的舒心和闲适。从而缓解压力，放松心情。如今，种菜正在成为人们一种全新的生活休闲的方式。

色彩鲜明，具有一定的观赏价值

很多蔬菜都很美观，像鲜花一样能装点家居环境。如圣女果，果实有圆形、长圆形、梨形、方形，颜色有红、粉红、黄橙色。还有彩色辣椒，一株上有绿、白、紫、红多种颜色，一株在室，满屋生辉，既能饱口福，也能饱眼福。

营养丰富、风味独特

有机蔬菜维生素C含量比一般蔬菜高许多，其他维生素和矿物质含量也比较高。其水分含量要比一般蔬菜低许多，吃起来比普通蔬菜更有风味。除此以外，有机蔬菜也含有更多人体易吸收的糖类、氨基酸、各种维生素以及无机盐。例如番茄中的维生素P、辣椒中的维生素C、茄子中的维生素E、胡萝卜中的维生素A等。

经济实惠、节省开支

买菜的费用是家庭必不可少的一笔开支，自己动手，便能节省不少。

建立自然课堂

生活在城市的孩子，大多缺乏植物学方面的常识。阳台菜园正是孩子们学习这些知识的实践课堂，帮助孩子拓宽知识面。相信这样的自然课堂孩子会非常喜欢。

随时采摘、健康方便

市场上购买的蔬菜往往是经过长距离运输，从采摘到食用要经过很长一段时间，新鲜度下降。自己亲手在阳台上种植的蔬菜可随时采摘，随时食用，非常新鲜营养成分不容易流失，更利于健康。

改善环境、丰富生活

蔬菜也是植物，它可改善环境，丰富空气中的负离子浓度，调节人的神经系统和血液循环，改善心肌功能，促进人体的新陈代谢，提高人体的免疫力。它还可减轻污染、解除毒害、减轻噪声和减少浮尘。有香气的蔬菜，还可分泌杀菌成分，消除室内空气中的细菌与病毒。在人口众多的城市里，人们多居住楼房，盆栽蔬菜可形成独特的自然景色，收到无日不春的效果。

PART 1

事先准备简单却重要

阳台朝向很重要

朝南的阳台

阳台朝南能接受全日照，阳光充足，且通风好，是最理想的选择。特别是对光照要求较高的果实类蔬菜，如西红柿、芸豆、青椒、黄瓜、苦瓜、南瓜等，一般都在南向阳台上种植。

朝北的阳台

相对朝南的阳台，朝北的阳台则是几乎全天都没有日照，这样种植蔬菜的选择范围也大大减小。不过，朝北的阳台也有其优势，就是可以选种品种众多的芽苗菜，还可以选择耐阴的蔬菜，如韭菜、生姜等。在炎热的夏季，对后面楼层反射过来的强光及辐射光要注意做好防御工作。

朝东、朝西的阳台

这两个朝向的阳台均为半日照，最适宜种植喜光，且耐阴的蔬菜。如洋葱、油菜、韭菜、丝瓜、香菜、樱桃萝卜、小芜菁等。但是在夏季，朝西的阳台太阳西晒时温度较高，会使某些蔬菜产生日烧，轻则叶黄、叶落，重则死亡，因此最好在阳台上覆盖遮阳网，黑色的遮阳网能有效地遮光，其遮光率达40%～60%。

开放式与封闭式阳台大比拼

开放式阳台

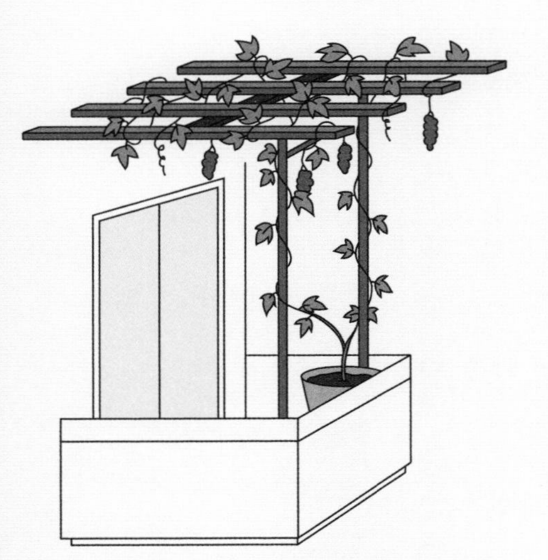

开放式或半封闭阳台在冬季时温度较低，在冬季要有选择性地培育蔬菜。而在夏季太阳直射会导致温度过高，要做好遮光措施。对于栅栏式阳台、露台的日照都比较好，但同时也要注意高层风大情况的发生。如出现大风天气，应及时搭设防风板或防风罩，避免土壤干燥。同时高层还要注意防鸟啄食，最好用塑料网或铁丝网围起来。如担心不美观，可以在铁丝网下面摆放苦瓜等攀缘性强的蔬菜，植株会沿着铁丝网向上爬，不仅能为小型蔬菜遮光，还能扩大种植空间，并有赏心悦目的效果。

封闭式阳台

在我国北方，大部分都是封闭式阳台，封闭式阳台冬季温度也较高，所以冬季也能在阳台上培育蔬菜，这样一年四季都能吃自己种的蔬菜。

但是在蔬菜的培育过程中，通风是很重要的因素，若是通风好的阳台，蔬菜不宜生病或徒长。但封闭式阳台的通风情况不是很乐观，而且封闭式阳台还要面临植株不能自然授粉及施肥易臭等问题。如果与阳台相对的房间有个窗户的话，最好打开窗户形成过堂风，而且化肥最好不要选用自制堆肥，可以用市面上销售的有机肥。

蔬菜培育小常识

蔬菜的寿命

宿根草本韭菜。

蔬菜大致可以分为一年生、两年生以及多年生。一年生蔬菜是指植株在播种或植苗后的一年内生长发育、开花结果，之后便会凋落枯死，如黄瓜、辣椒、茄子等。两年生蔬菜就是生存期有二年即当年播种或栽植，要第二年才能开花结实如萝卜、白菜等。

像韭菜这样可以存活数年的植株，称为多年生草本或宿根草本。

蔬菜的品种

蔬菜的品种繁多，比如生菜就可以分为紫叶生菜、迷你生菜等，青椒有灯笼椒、辣椒等。同科的蔬菜培育方法大致相同，但是其口感却可能大相径庭。

青椒有辣椒、灯笼椒等“近亲”。

播种和植苗

现在可以随时在市场、种子商店等处购买各种蔬菜的种子、种苗，这使得蔬菜的种植摆脱了季节的局限。植株从播种到发芽需要一定的时间的培育，所以种菜新手最好直接购买种苗种植，可以大大提高培育的成功率。但大多数叶菜类可从种子开始培育，其存活率也很高。

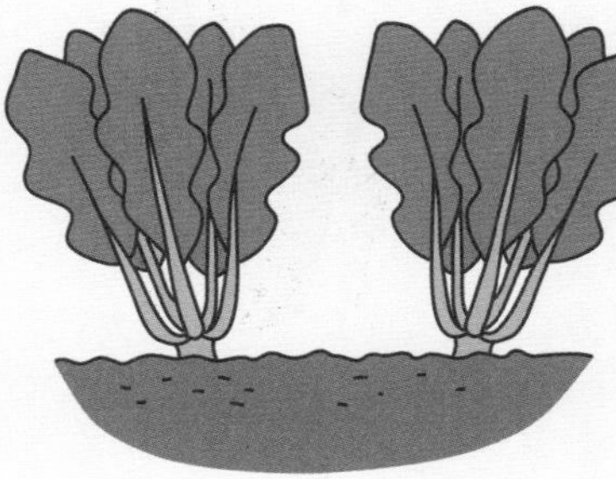

菠菜可以从种子开始培育。

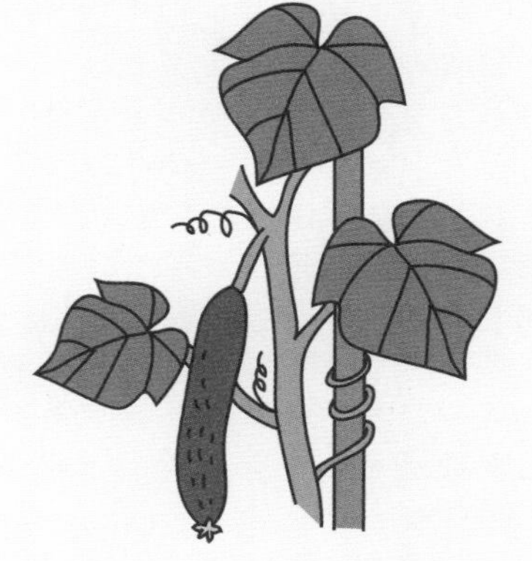

黄瓜最好购买种苗种植。

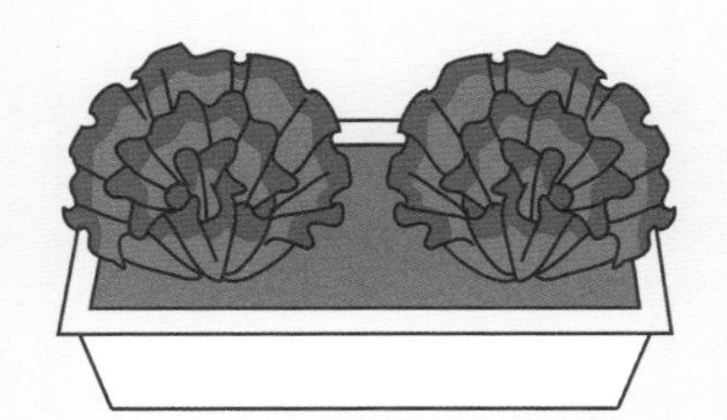

生菜适宜在日照条件好的环境培育。

喜光性蔬菜

大部分蔬菜都具有喜阳性，适合在日照条件较好的地方培育。在家中培育这类蔬菜，可将花盆放置在朝南阳台或窗台等处。尤其是果实类蔬菜，没有良好的日照其果实就没办法健康发育。

浇 水

浇水是蔬菜培育过程不可缺少的一个环节。在播种或植苗前后、土壤干燥的时候要时浇水，特别是春夏两季，秋冬季节要控制浇水次数。在家中用花盆培育的蔬菜，土壤的水分和养分很容易流失，所以要经常观察土壤湿度，以便及时浇水。

水萝卜适宜在潮湿的环境培育。

温度调控很重要

圣女果是喜温性蔬菜，在气候温暖、阳光充足的环境下生长良好。

温度对蔬菜的生长发育影响也很大，蔬菜的种类不同，对温度的要求也不相同。对于开放式阳台，温度会根据外界的气温变化而变化，因此只能根据季节的变化来选择蔬菜种类，对于相对耐寒的蔬菜，如叶菜类中的菠菜、生菜、香葱等，每年可栽培的时间为4～10月底；对于喜温性的蔬菜，如叶菜类中的空心菜，果菜类中的黄瓜、圣女果、辣椒、茄子等，每年的栽培时间为4月下旬～10月上旬。栽培过程中可通过浇水来调节温度。如在冬季可以将水放在室内，待水与室温相同（约20℃），然后再浇灌植株，这样可提高蔬菜根系周围的温度，不仅能有利于根系的生长，也有利于茎叶的生长。

夏季遮光很重要

朝南的阳台可从东、西、南三个方向照射进阳光，开放式阳台的光照强度与外界基部一致。而封闭式阳台则相当于一个小型温室，光照强度有一定的减弱，但足以满足一般蔬菜的需要。夏季在阳台种菜需注意遮光。蔬菜每天只有获得一定量的直射阳光才能满足生长需要，如果长期处于只有散射光的室内空间，即使感觉比较明亮，蔬菜也会因为光照不足而生长不良。针对其他朝向的阳台，要通过移放让蔬菜获得尽量多的光照。

在夏季，高温强光的天气是最常见的，这时阳台上的光照强度早已超过蔬菜的生长需求，过强的光照反而会抑制蔬菜的生长，尤其是对于一些耐阴的蔬菜，如生姜、芽苗菜等，光照过强不仅会抑制蔬菜生长，而且会使蔬菜中纤维素含量增加，使其口感变差。因此，在炎热的夏季要适当遮光。遮光的方法很多，最简单易行的方法是搭遮阳网，黑色遮阳网的遮光率为40%～60%，可遮盖大部分叶菜，还有根菜、芽苗菜；另一种银灰色遮阳网的遮光率为30%～40%，可遮盖黄瓜、圣女果、辣椒等果菜。

夏季用的黑色遮阳网。

种植用具全掌握

日常保养用品

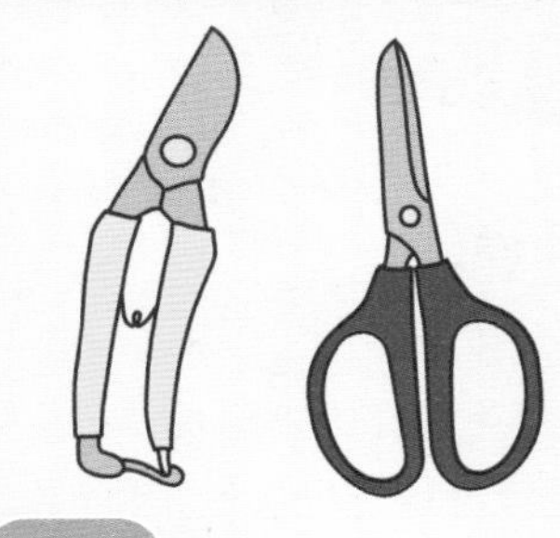

剪刀

整理枝条和收获时使用。

手套

手套可以防止手部接触泥土时被感染。根据材料的不同，一般有塑料和皮革两种。

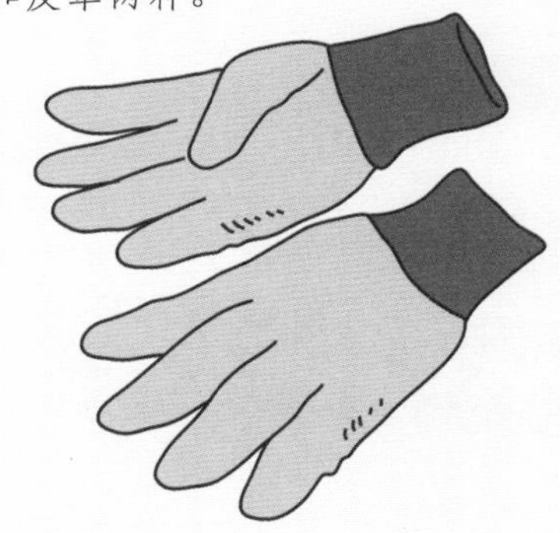

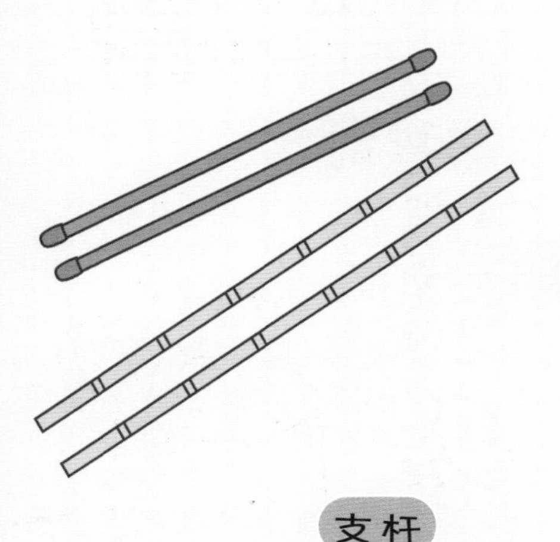

支杆

用于支撑长高的菜或爬藤的菜。

木格栅

可以放置在阳台等处供植株藤蔓攀爬，还可以起到遮阳的作用。

播种、植苗用具

小铁铲

挖土、培土时使用。

培土撮

主要用于培土，泥土不易撒出。可根据需要选择不同的型号。

浇水、施肥用具

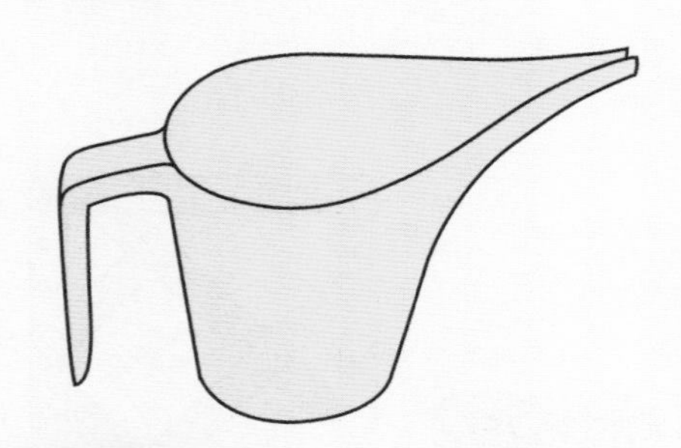

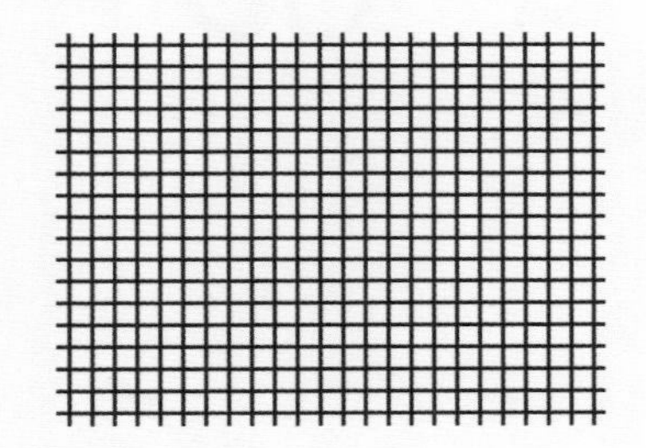

塑料底网

置于花盆下，防止花土流失和害虫入侵。

水壶

浇水、施液体化肥时均可使用。

喷壶

浇水、施液体化肥时均可使用。最好选择出水孔小而多的喷壶。

喷壶嘴

可直接拧在普通饮料瓶上用于浇水。

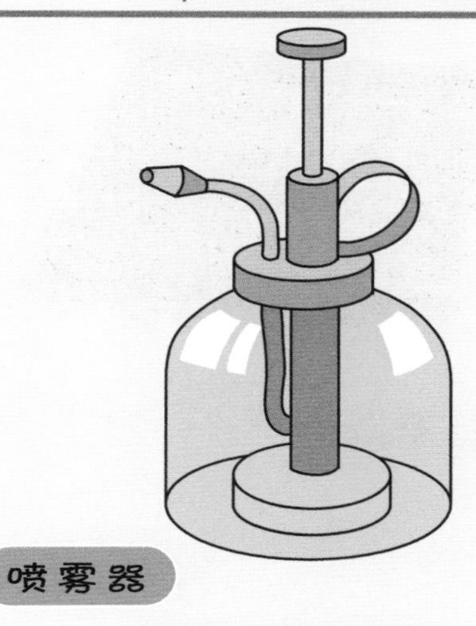

喷雾器

用于清洁植株叶片和喷洒药剂。

托盘

置于花盆底部，防止水分弄脏地面。

育苗用具

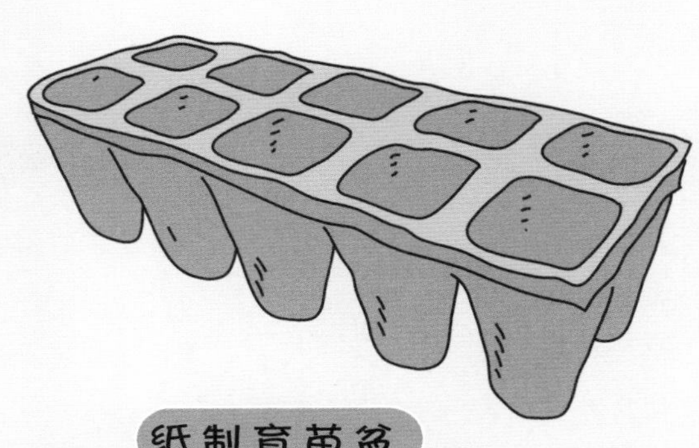

育苗盆

将蔬菜种子培育成种苗的容器。

纸制育苗盆

再生纸制作，可降解。

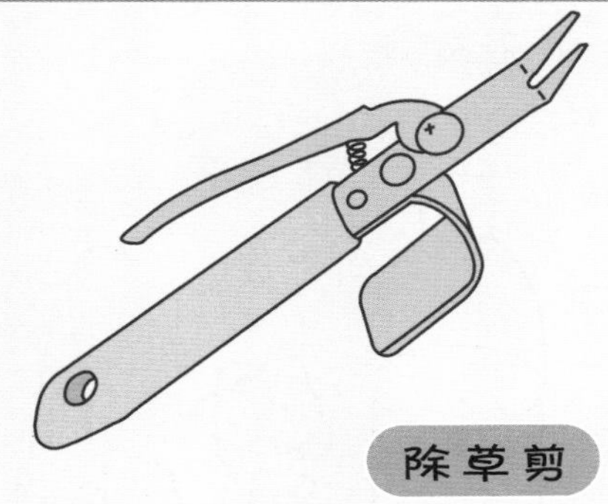

育苗格

与育苗盆作用相同，但可一次培育多棵种苗。

除草剪

可用于清除杂草和间苗，可用镊子代替。

花盆的选择

培育蔬菜一般需要深度在15厘米以上的盆器。因为盆器材质和风格的不同，所以可以根据自己的喜好选择。

吊篮

可吊挂在空中或墙上，节省空间且空气流通好。但浇水、施肥时需要注意控制液体的量，以免滴漏。

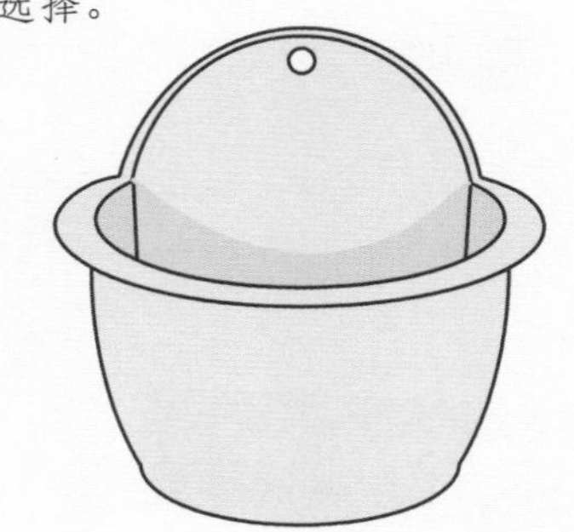

赤陶花盆

黏土烧制而成，多种多样。排水性和通气性优良，但是价格高，且易碎。

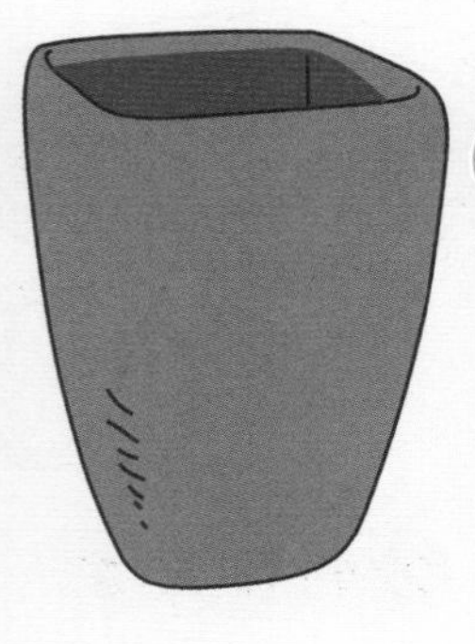

玻璃花盆

晶莹剔透，水质一目了然，非常适合无土栽培时盛放吸水球。

塑料花盆

有各种形状，且价格便宜，但塑料花盆的排水性和通气性不好，使用时要注意。

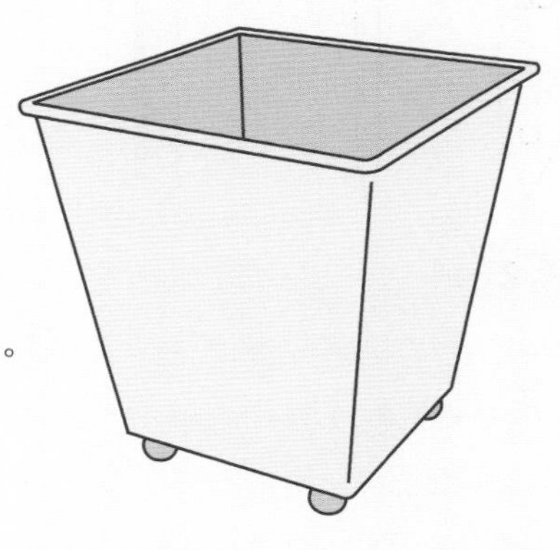

金属花盆

家中铁桶在底部钻开排水眼后即可充当花盆使用。金属花盆在长期浇水后容易生锈，可能损伤植株根部。

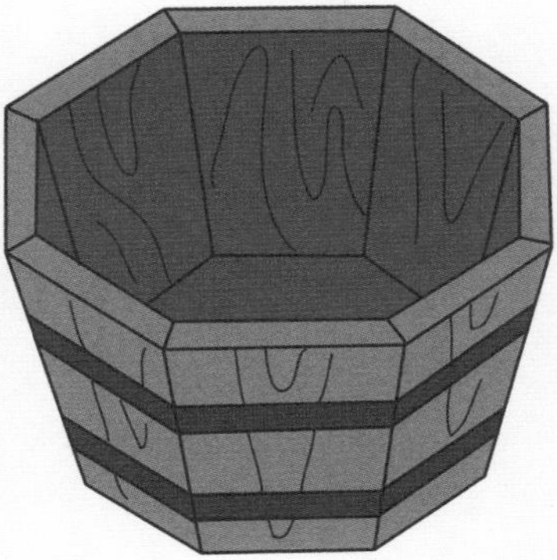

木质花盆

质感独特，排水性和通气性较好，但长时间浸水容易腐烂。

藤条花盆

在藤条编织的筐中铺设一层塑料即成花盆。具有独特的观赏价值，但无法长期使用。

其他用具

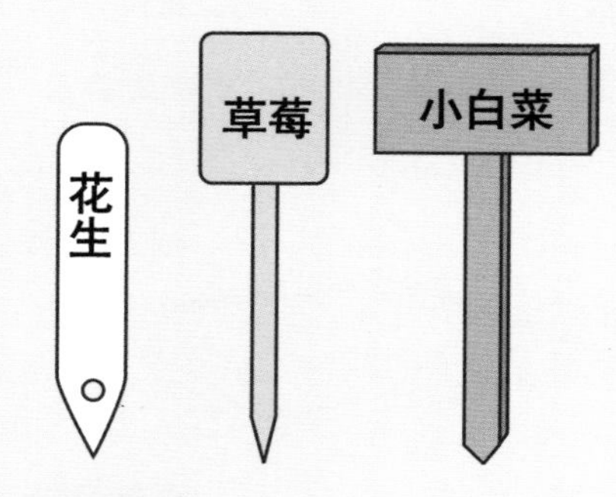

标签

木质，可以插进土壤中。用于标记蔬菜的名称。

塑胶鞋

防水，适合在阳台菜园里劳作时穿。

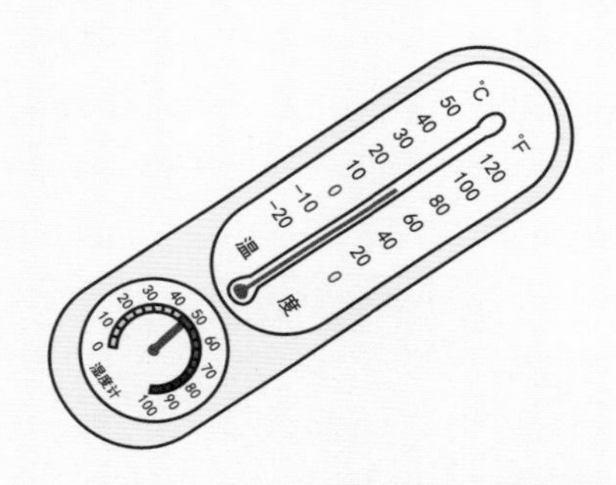

吊钩

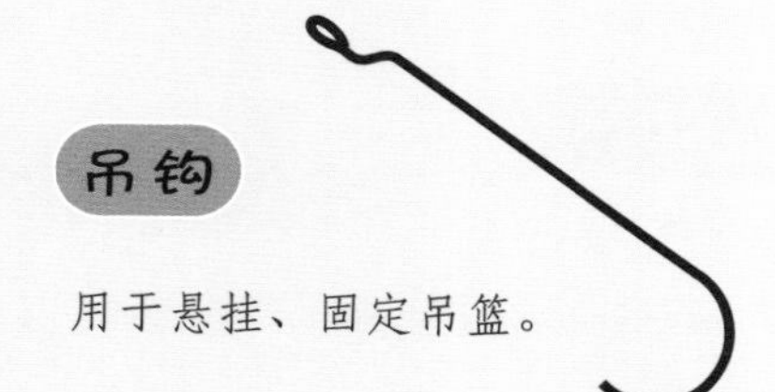

用于悬挂、固定吊篮。

温度计

用于测量土壤温度、空气温度和湿度。

花盆托架

造型优美的组合托架，而且高低错落有致，使每盆植株都能享受良好的日照和通风条件。值得注意的是，在购买前一定要提前测量花盆的尺寸。

土壤选择很重要

好土的标准

1. 通气性好

可为蔬菜根部有效输送空气和水。

2. 排水性好

如土难以干燥，根部易处于缺氧状态，容易腐烂。

3. 有一定的保水性

如果土壤的排水性过强，容易造成土壤干燥，所以应选有适当保水性的土壤。

4. 弱酸性

一般的蔬菜都比较喜欢弱酸环境。

购买土壤

市面上出售的优质土，有已经配置好的腐叶土、肥料等，可以直接使用。但在使用之前，一定要在包装上看清说明，并仔细确认，也要看清楚是否已经调至弱酸环境。

自己配土

种菜时间长了以后，可以自己根据所种蔬菜的种类试着配土。以赤玉土为主，再添加其他土类调节通气性和排水性。

赤玉土 排水性、通气性、保水性都优质的火山土。栽培土以赤玉土为主。

腐叶土 植物枝叶在土壤中经过微生物分解发酵后形成的营养土。通气性、保水性、保肥性较好。

堆　肥 树皮、牛粪等有机物经过发酵形成。

蛭石土 蛭石是矿物质之一，蛭石土具有质轻、通气性、保水性、保肥性好的特点。

自制土的成分比例：

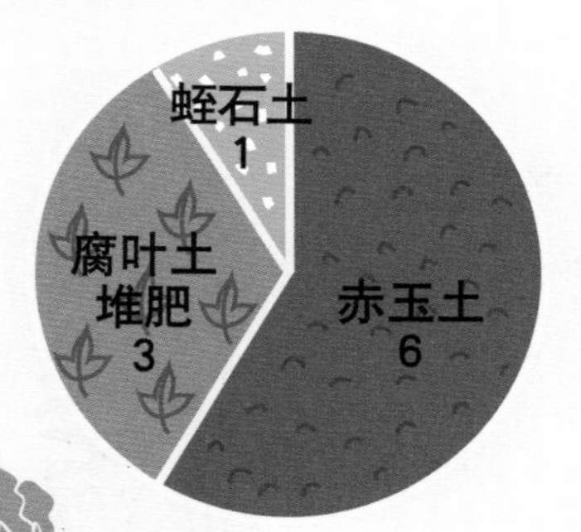

叶类蔬菜

如茼蒿、油菜等以叶子为食用部分的蔬菜。

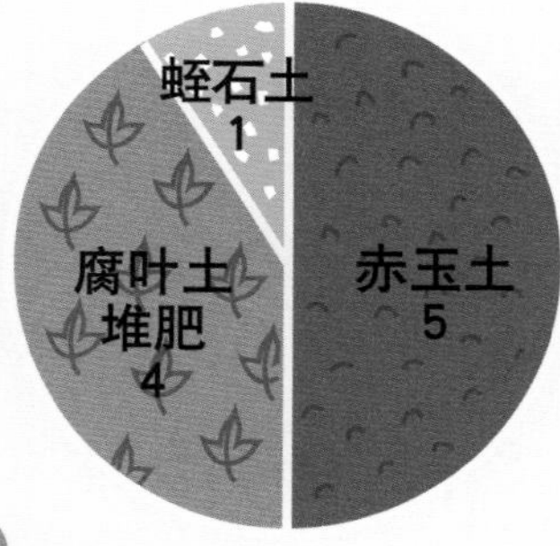

果实类蔬菜

如番茄、西红柿等以果实为食用部分的蔬菜。

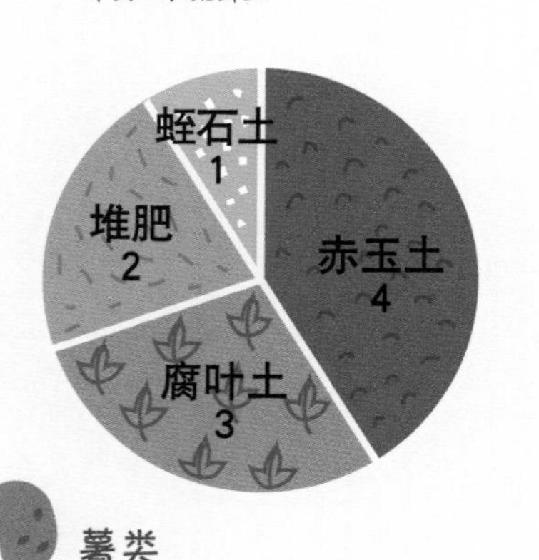

薯类

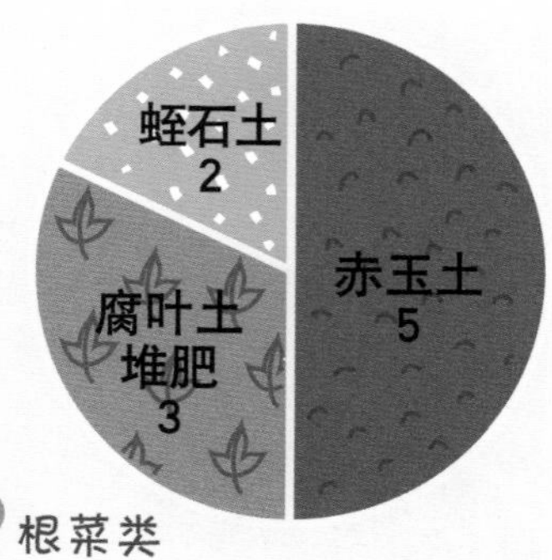

根菜类

如胡萝卜等以根部为食用部位的蔬菜。

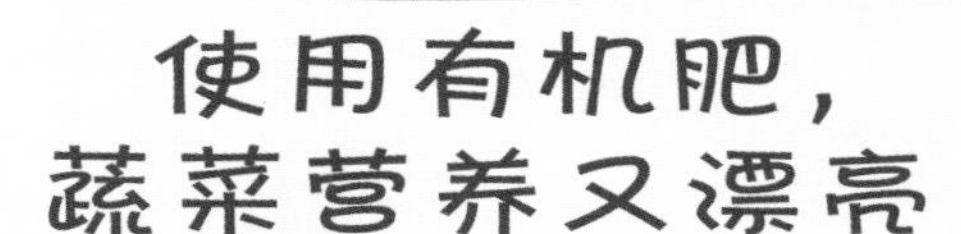

使用有机肥，蔬菜营养又漂亮

市售有机肥

市面上的有机肥，从材料上可分为植物性及动物性（如骨粉、鸡粪等）肥料。为免有污染及异味，建议使用植物性有机肥为佳。市面上销售的有机肥大多为颗粒状，部分也有粉状，如果只洒于土表上，容易吸引害虫。施肥时记得先挖洞，将有机肥放进去再培土，然后浇水即可。

常见的有机粒肥，也可混合干豆渣使用。

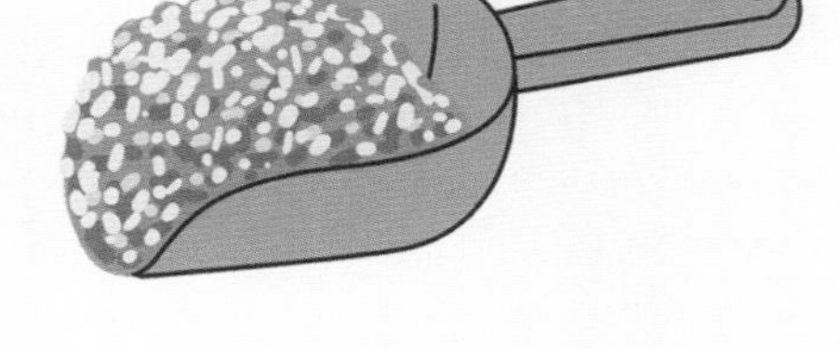

市面上贩售的豆饼也是有机肥的一种。

自制堆肥

堆肥使用的材料不限，只要是天然的有机物质，如落叶、果皮、菜叶、蛋壳等都可以使用。但凡是经过烹饪或有油份的厨余则不建议使用，或是味道重的动物性残渣（如粪尿等）也尽量不要使用。

发酵成熟的堆肥就像土壤一般，松散呈黑褐色，可在栽培前就拌入土壤中做基肥，蔬菜成长期间也可持续追加，溶于水中就可当液肥施洒。

回收种香菇的太空包土壤，也是极具有机质的肥料来源。

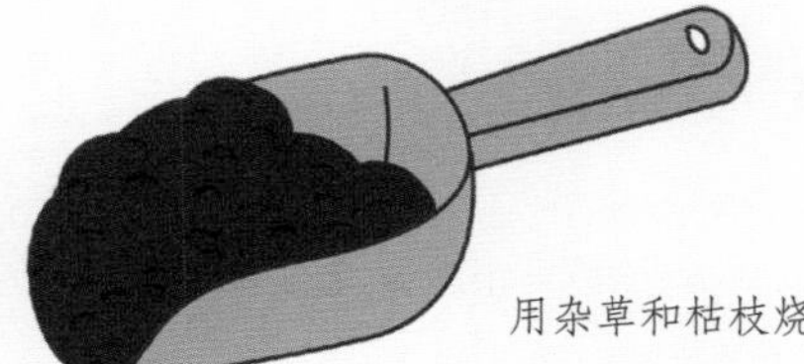

用杂草和枯枝烧成的灰烬，混入土壤也是有机肥料的一种。

居家堆肥建议材料

居家做堆肥的材料以自家生产的生厨余最方便取得，到公园捡拾落叶杂草也行。由于堆肥需富含纤维及肥分，因此材料上依其所含氮、碳的高低可略分两大类。

1、含氮量高的材料

提供速效肥分，但过多会产生异味且发酵速度慢。

常见材料：豆渣、豆饼、米糠、咖啡渣、动物厨余（蛋壳、海鲜壳、骨头、生鱼、生鱼肚等）。

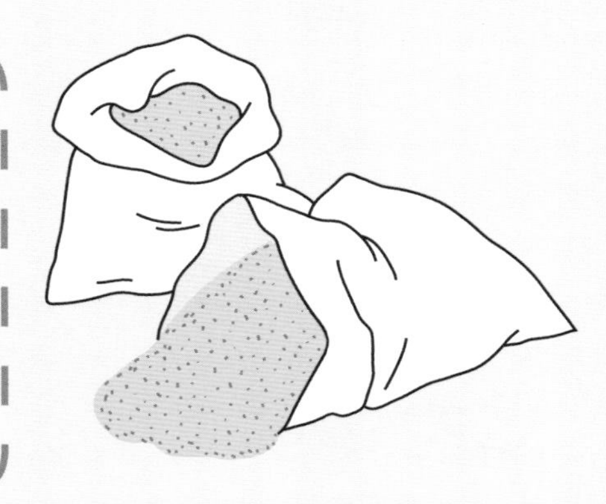

向米厂或店铺购买米糠，价格便宜又具有高养分。

居家的生厨余含有很多的果皮、菜梗，是氮肥的良好来源。

2、含碳量高的材料

富含纤维质，能改善土质，多为植物性材料。

常见材料：生厨余（果皮、菜叶、茶叶渣等）、干落叶、杂草、稻草、甘蔗渣、木屑等。

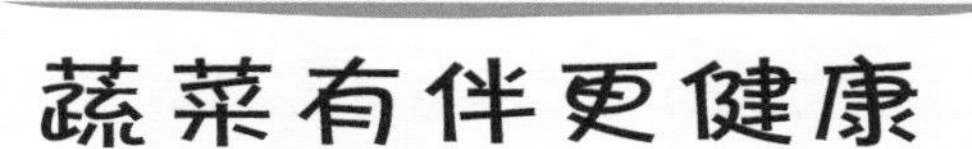

巧妙地搭配种植能使蔬菜相互影响，促进蔬菜健康生长。将葱、韭菜、大蒜、迷迭香等具有强烈刺激气味的蔬菜或香草与其他品种的蔬菜种植在一起，能够起到驱赶病虫害的作用。

西红柿+韭　菜　果实味道好
西红柿+紫　苏　预防虫害
西红柿+细香葱　预防虫害，果实味道好
西红柿+罗　勒　促进发育，果实味道好
青　椒+紫　苏　促进发育
黄　瓜+紫　苏　预防虫害
小白菜+西红柿　预防虫害
花椰菜+欧　芹　预防虫害
韭　菜+紫　苏　预防虫害
菠　菜+　葱　预防虫害
茄　子+韭　菜　植株营养均衡
甘　蓝+茴　香　预防虫害
甘　蓝+麝香草　预防虫害
胡萝卜+茴　香　预防虫害，促进发育
玉　米+芸　豆　预防虫害，发育更快，减少杂草
豆科+大多数蔬菜（除甘蓝、十字花科、葫芦科蔬菜）土壤更肥沃，蔬菜发育更快

搭配错误的蔬菜伴侣

※如果蔬菜搭配错误会起到相反的效果，会招来虫害或影响蔬菜发育等。

黄瓜+豆科　萝卜+葱　西红柿+土豆
茄子+玉米　草莓+葱　胡萝卜+芸豆

天然农药更安全

农药或者杀虫剂虽然能够有效预防、治疗病虫害，但是总会污染蔬菜。为了能够最大限度地收获到绿色、天然的果实，可以使用一些家庭常见的食物、植物来代替农药和杀虫剂。

食物

将啤酒倒入盘子放在花盆旁边，啤酒的气味会吸引蛞蝓集中到盘子中，这样就可以集中消灭了。

先将醋稀释20～50倍后喷洒在叶片上，每周1次即可。

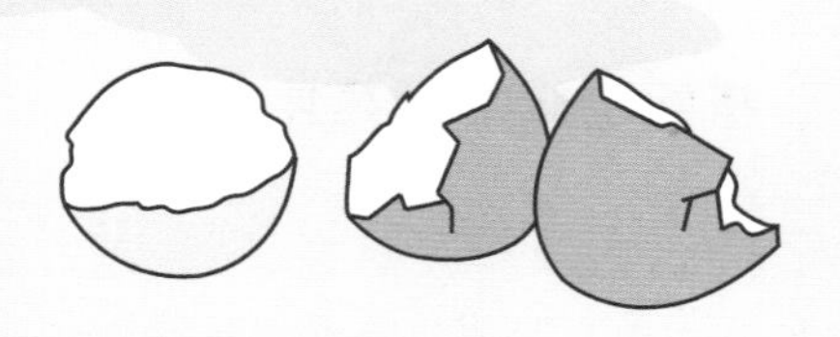

咖啡可以驱除叶螨，且咖啡越浓效果越明显。

将鸡蛋壳碾碎后铺在土表，可驱除破坏植物根茎的切根虫。

牛奶

将牛奶倒入喷雾器中，在阳光明媚的上午喷洒在叶片上，可以阻塞蚜虫的呼吸气门，使其窒息而死。牛奶干燥后会在叶片表面形成一层白色薄膜，用清水清洗即可。

植物

大蒜

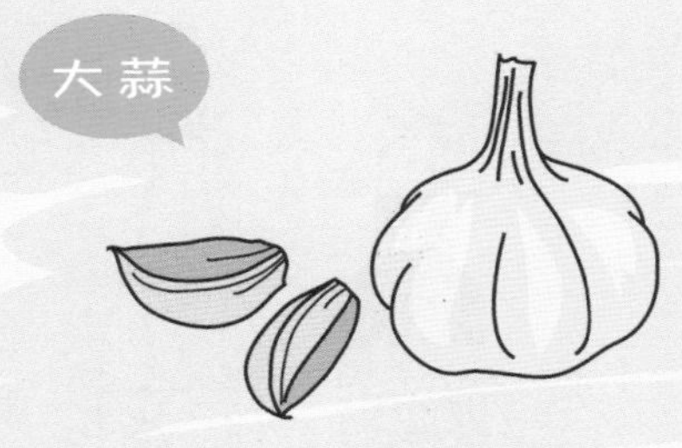

将一头大蒜磨碎后倒入1升水浸泡，用纱布过滤后将溶液稀释5倍。喷洒在植株表面可预防虫害、霜霉病及灰锈病。

辣椒

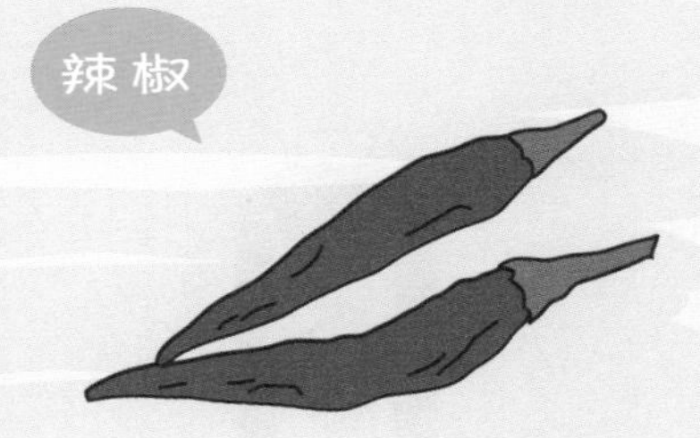

将红辣椒或青辣椒晒干，能起到驱虫的作用。

鱼腥草

用新鲜鱼腥草代替地膜铺于土表可驱除切根虫、金龟子等害虫。

枇杷叶

将10片枇杷叶放入1.8升烧酒中浸泡约1个月。将液体稀释3倍后喷洒，能够预防、治疗软腐病。

笔头菜

又称问荆。将6克干笔头菜加1升水煮沸约5分钟，冷却后加入5克肥皂粉末，用纱布过滤。将溶液喷洒在植株表面可预防白粉病。

其他

木醋

木醋是木材干馏后得到的液体，具有很强的预防虫害的作用。

烧酒醋

在1升水中加入30毫升醋和35°的烧酒。烧酒醋具有预防虫害和杀菌消毒的双重功效。

注意事项

以上介绍的安全天然农药，需要较大的用量才能达到较好的效果，使用时要注意不要沾染到皮肤或眼睛。此外，及早发现、及早处理也是防病虫害的必备良策。

空间利用小窍门

想要最大限度地利用家中有限的空间来扩充自家菜园的种植品种，那么在这里为您推荐一些空间利用的小窍门。

窍门一 储物架

将花盆摆放或吊挂在储物架上，整齐又美观。

窍门二 牛奶盒

用较深的牛奶盒种植小巧的蔬菜品种，搬动更方便。

窍门三 易拉罐

将易拉罐稍作修改后用于种植小巧的蔬菜品种，不仅环保低碳，而且还能起到装饰的作用。

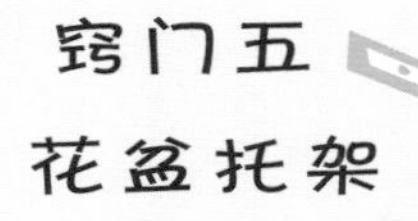

窍门五 花盆托架

将花盆架高可使植株获得更多的光照，促进植株生长。

窍门四 组合花盆

利用多口的组合花盆，可以同时种植多种蔬菜，并且节约空间。

窍门六 吊篮

蔬菜在吊篮中可全方位地沐浴阳光，还不占用地面空间。

窍门七 育苗格

可在育苗格中同时种植不同品种的蔬菜，赢得收获的大满贯。

PART 2

随时采摘的茎叶蔬菜

生菜属菊科，为一年生或二年生草本作物。生菜有很多种类，按照颜色可以分绿叶生菜和紫叶生菜，其中紫叶生菜抗病虫害能力较强，更易于培育。而且生菜中富含维生素和矿物质，除了可以做美味的沙拉以外，还可以搭配烤肉食用。

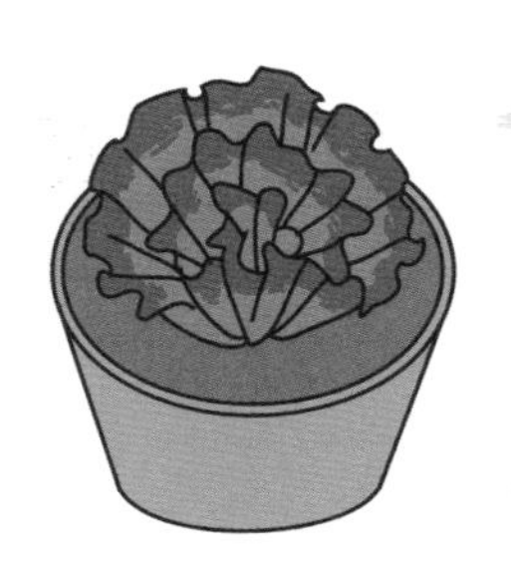

栽培日历

月份	1	2	3	4	5	6	7	8	9	10	11	12
播种			●	●					●	●		
间苗				●	●				●	●	●	
追肥				●	●					●	●	
收获				●	●					●	●	●

采收周期：一个月

难易指数：★

播种

1. 将钵底石盖在盆底的排水孔上。

2. 将播种用土填至距盆上端1厘米处。建议土壤中不要加过多肥料，会使种子难以发芽。

3. 用洒水壶将土壤浇透，直到排水孔流出水。

4. 播种 用镊子轻轻的播种，由于有些种子不会发芽，所以每盆要播种4～5粒。

5. 培土 盖好极薄的土之后，用喷壶为每个盆再浇1次水，然后挪到明亮的阴凉处。

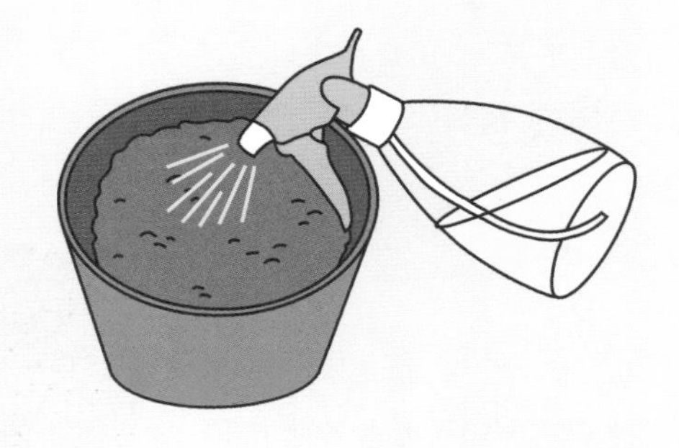

6. 浇水 出芽前，每天用喷壶浇1～2次水，保持土表不干燥。

间苗

1. 拔苗 留下长势最好的1株幼苗，用镊子间掉其他幼苗。

2. 培土 用小铁铲将间苗后的土壤空隙填好，稳定留下幼苗的根。

追肥

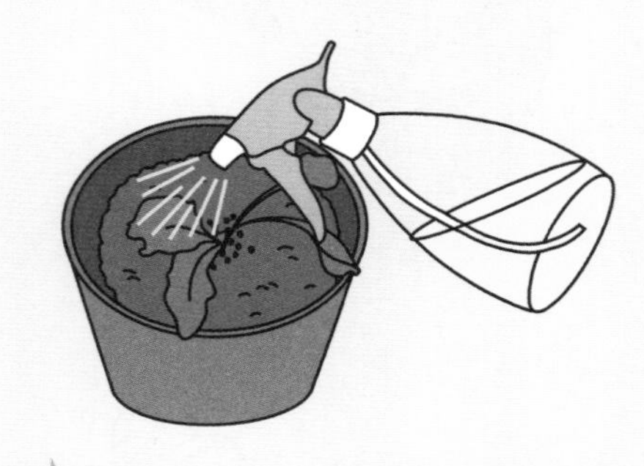

1. 追肥 二周后应进行追肥。可将肥料撒在植株的根部。

2. 浇水 浇水时应将水壶壶口对准植株根部。

收获

1. 采收时间 植株真叶数量达到10～15片时即可收获。当叶片尖端变红就说明达到了最佳收获期。

2. 采收方法 用手在植株下方将外部的3～4片叶片摘下。

3. 再生 1周左右新生叶片就可基本长成。

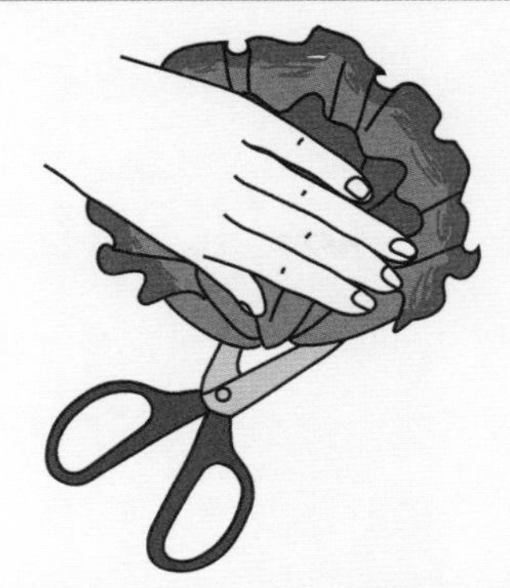

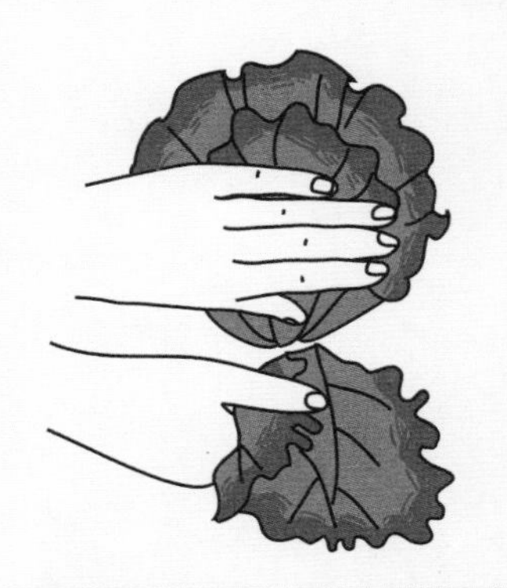

4. 最终采收 用剪刀从根部将植株剪下。切口会有白色液体流出，此种液体味苦，不要沾到叶片上。

TIPS：播种后，培土不宜过厚，只要轻轻培上即可。若培土过厚，易导致出芽缓慢，甚至不能出芽。

生菜怎样吃更可口

生菜搁置后口感会变差，收获下来的生菜尽量一次吃完。另外，尽量不要用菜刀切生菜，最好用手撕。

如果需要保存，应先甩干水分，装入塑料袋内，放入冰箱，并尽快食用完。

菠菜为藜科菠菜属的二年生蔬菜。富含铁元素及多种维生素，是家中最常见的营养蔬菜。菠菜耐寒性强，栽培时间受限较小，但需要避开夏季播种。

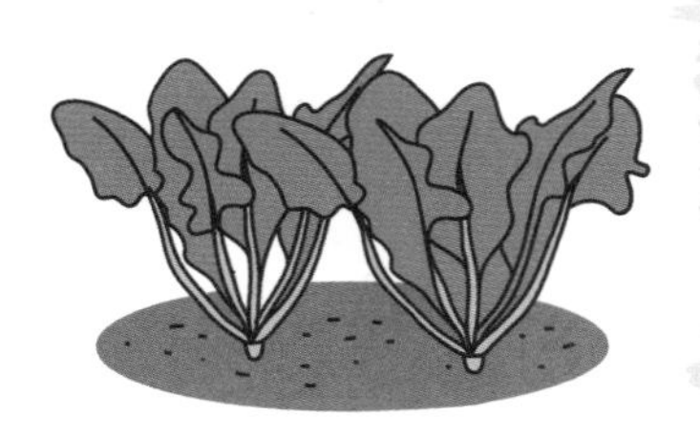

栽培日历

月份	1	2	3	4	5	6	7	8	9	10	11	12
播种			●	—	●				●	●		
间苗				●	●				●	—	●	
追肥				●	●					●	●	
收获					●	●					●	●

采收周期：一个月　　　　难易指数：★

播种

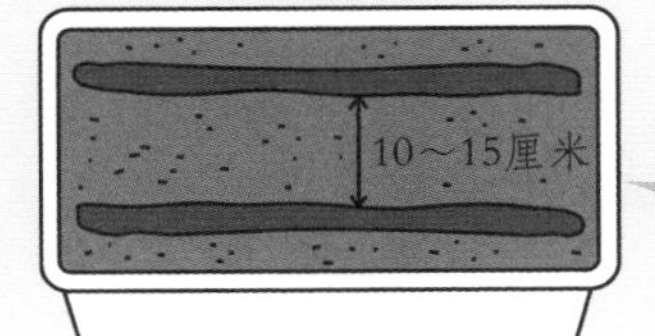

1. 造壕 将土层表面弄平，造壕。

TIPS：在播种前，种子用水浸泡一夜更容易发芽。

2. 撒种 每隔1厘米放一粒种子，种子不要重合。

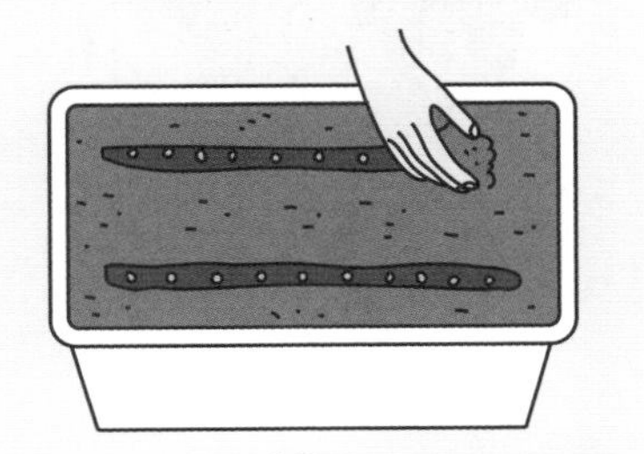

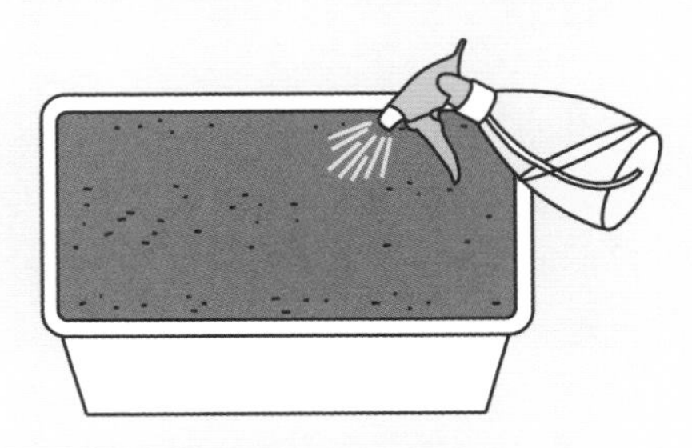

3. 培土 适量培土，浇水，发芽前保持土壤湿润。

间苗

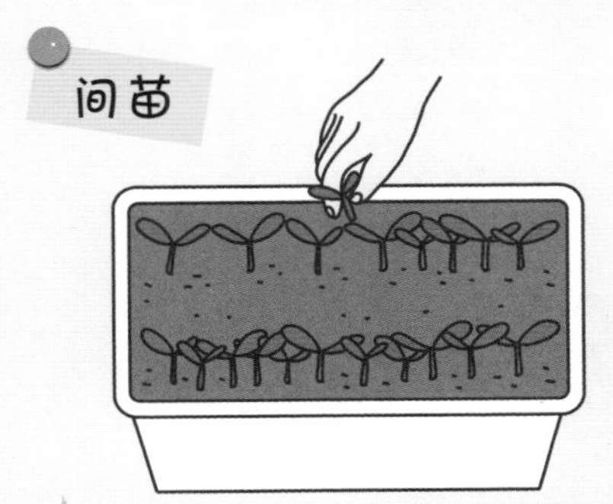

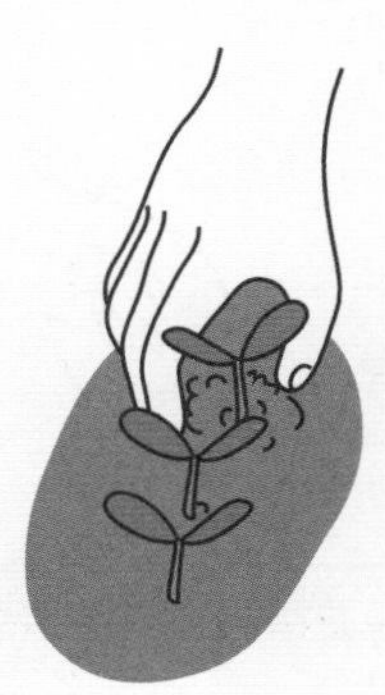

2. 培土 为防止留下的菜苗倒掉，需往根部培土。

1. 拔苗 当叶子长出后，将长势较差的小苗拔去，使株间距为3厘米左右。

追肥

1. 第一次追肥 当真叶展开2片后，施肥10克，撒在壕间。

2. 培土 将混合了肥料的土培向菜苗的根部。

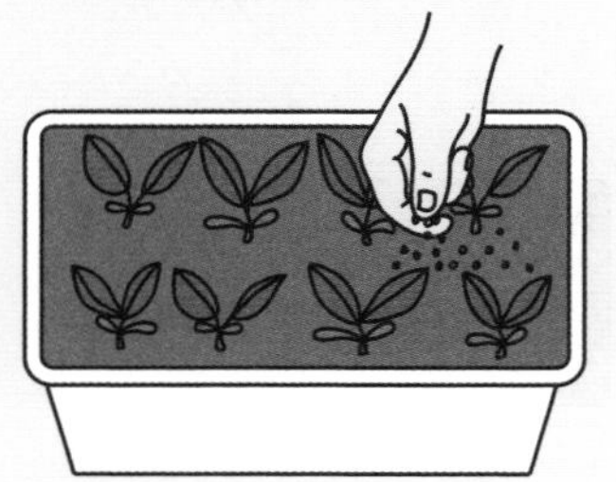

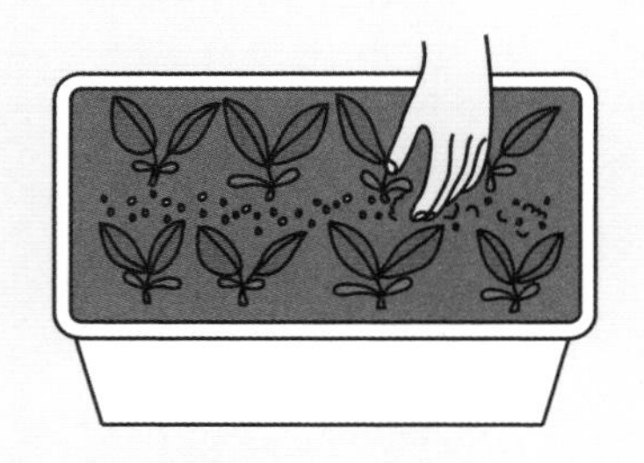

3. 第二次追肥 三周后当菜长到10厘米时，施肥10克，撒在壕间。

收获

长到20～25厘米时可收获，用剪刀从根部剪取，也可以连根拔出，根也可以食用。如果收获过晚，菜叶会变硬，口感变差。

如何保存菠菜

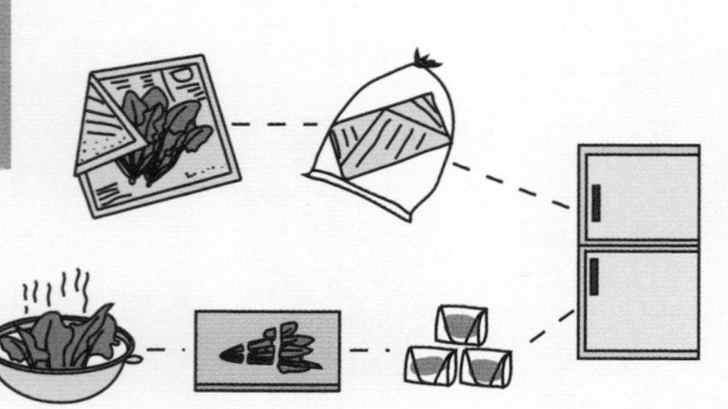

①用报纸包住，防止水分蒸发，装入塑料袋里，放入冰箱。尽量在3～4天内吃完。

②还可以稍微煮下，切成适当大小，用保鲜膜包好，冷冻保存。

茼蒿

茼蒿属菊科一年生或二年生草本植物。春播和秋播都可以，建议选择秋播，这样在冬季里也可以长时间地享受美味。茼蒿抗病虫害能力强，初学者也能轻松栽培。

栽培日历

月份	1	2	3	4	5	6	7	8	9	10	11	12
播种				●	●				●	●		
间苗				●	●				●	—	●	
追肥				●	—	—	●		●	—	—	●
收获					●	—	●			●	—	●

采收周期：五周

难易指数：★

播种

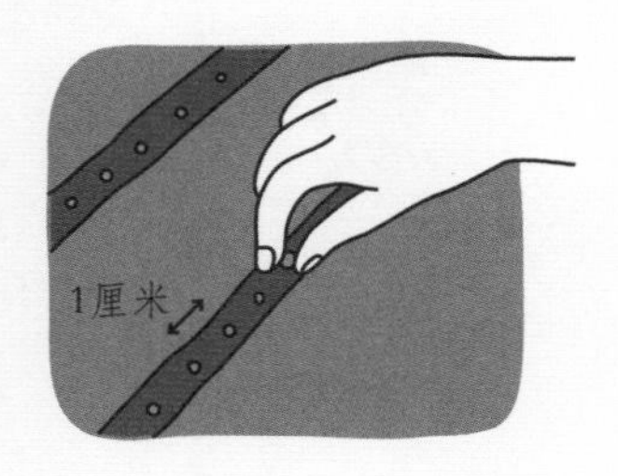

1. 播种 在土层表面做深约1厘米，宽约1厘米的土壕。隔1厘米撒一粒种子。

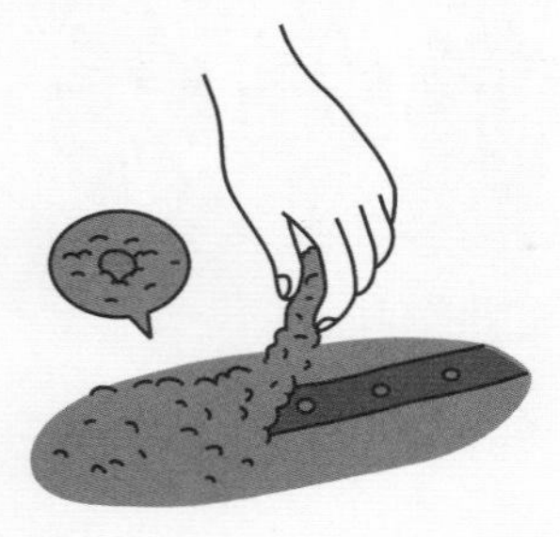

2. 培土 用手抓土，轻轻盖在种子上，轻压。茼蒿种子喜光，盖土之后使种子半隐半现即可。

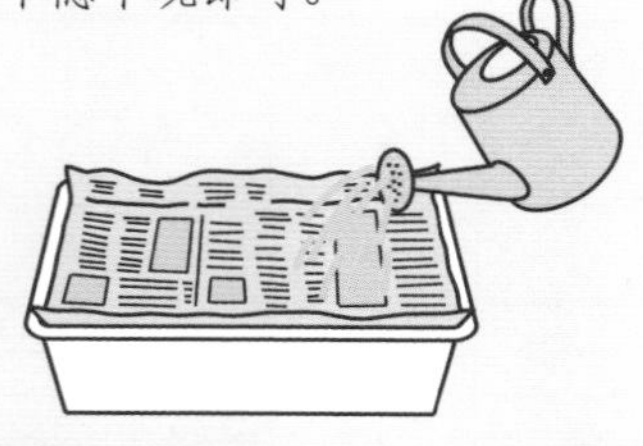

3. 浇水 覆土之后，在土壤上盖好1～2层报纸，隔着报纸浇水。

TIPS：浇水时在土壤上盖报纸的目的是，防止因为浇水使浅埋在土壤中的种子暴露出来。

间苗

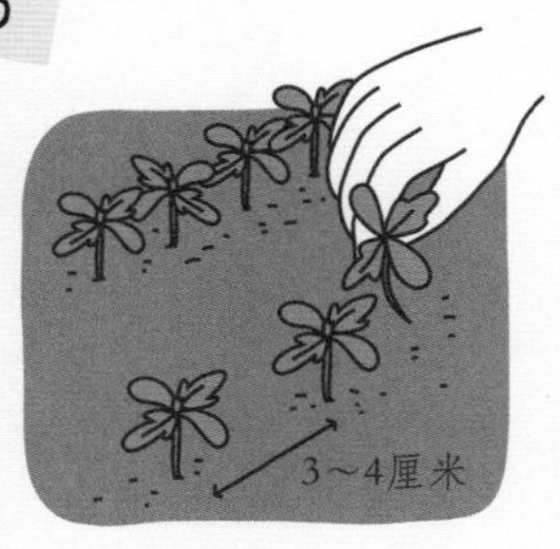

1. 拔苗 当叶子展开、长出1～2片叶子时，将弱小的菜苗拔去，使苗之间相隔3～4厘米。

2. 培土 间苗结束后，为防止留下的菜苗倒下，要往菜根部位培土。

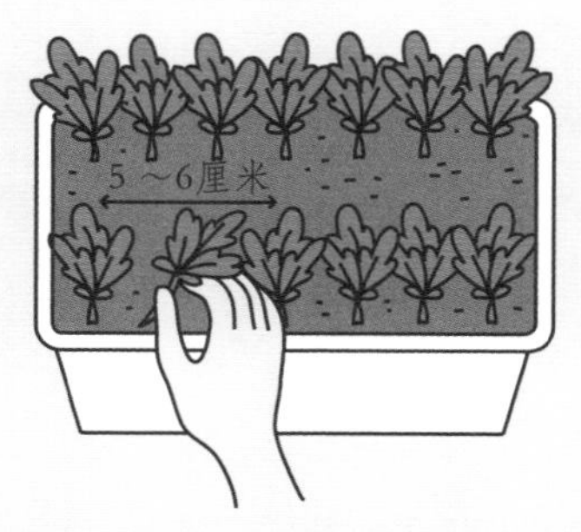

3. 第二次间苗 当叶子有3～4片时，拔苗，使菜之间相隔5～6厘米。

追肥

1. 追肥 在菜苗根部施10克肥料，与土混合。

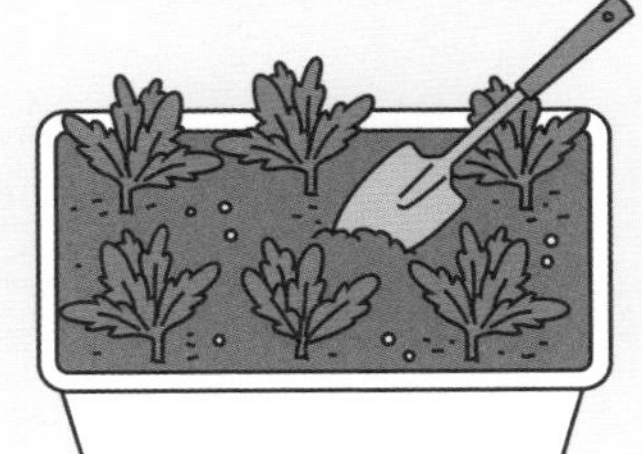

2. 培土 为防止留下的菜苗倒下，适当培土。

收获

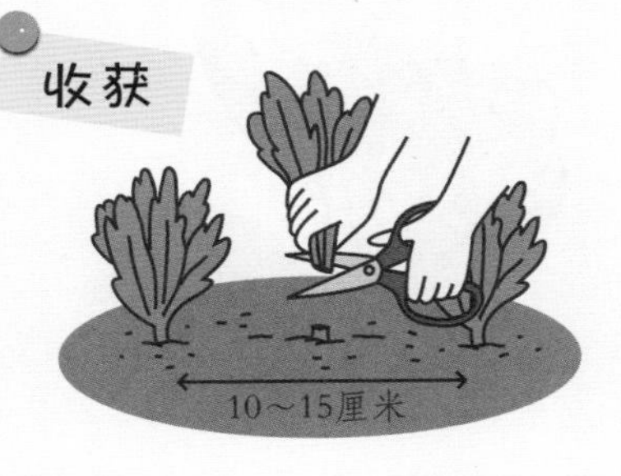

1. 部分采收 叶子长到6～7片时，可部分收获，使苗间距为10～15厘米。

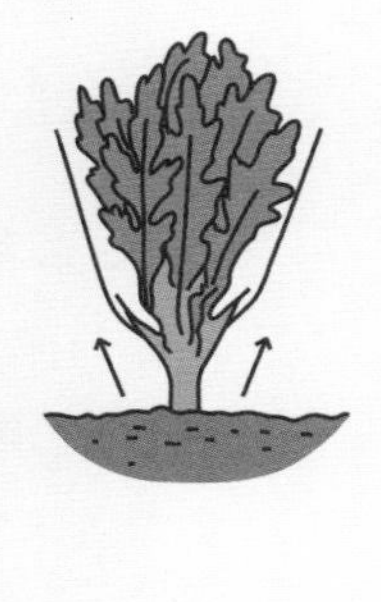

2. 最终采收 当叶子长到8片以上时，是最佳收获时期。可将整株拔起，也可将主枝剪去，使侧芽生长。

茼蒿吃不完怎么办

如果剪下来的茼蒿吃不完，又担心扔掉浪费，那么可以将其作为花卉来装饰房间。在西欧，人们栽培茼蒿做观赏用，就好像雏菊一样。

小白菜

小白菜是十字花科芸薹属一二年生草本植物。维生素A、维生素C、钙矿物质等含量是叶菜类中最丰富的，烹饪时不宜久煮，避免营养流失。

栽培日历

月份	1	2	3	4	5	6	7	8	9	10	11	12
播种			●	●					●	●		
间苗			●	●					●	●		
收获				●	●					●	●	●

采收周期：一个月　　　　难易指数：★

播种

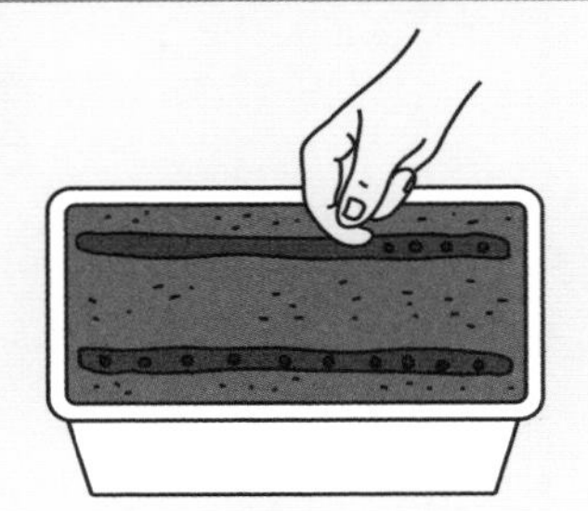

1. 播种 将土壤表面弄平，造墒。然后将种子均匀撒播，避免过于集中。

2. 培土 适量培土，轻轻压实后充分浇水，直至花盆底有水流出。

TIPS：夏季每天早晚浇水1次，春、秋可每2天浇水1次，不可在过热的中午浇水，保持土壤略湿润为宜。

3. 浇水 播种3～4天后开始发芽。在此阶段要充分浇水以保持土壤湿润。

间苗

1. 间苗 将发育迟缓的菜苗摘除，保证菜叶不重叠。

2. 培土 间苗结束后，为防止留下的菜苗倒下，要往菜苗根部培土。间掉的菜苗可以做成凉拌菜。

收获

1. 采收时间　当植株长到20厘米左右，长出7～8片叶片时就可以收获了。

2. 采收方法　用手直接将叶子肥大且颜色健康的植株拔出即可。余下的植株长大后可再次采收。

如何保存小白菜

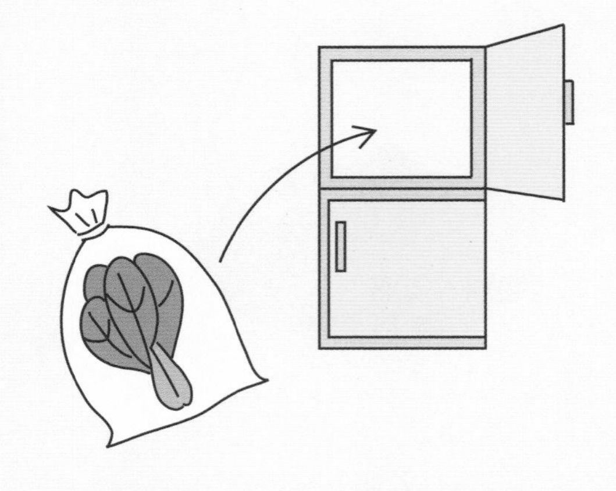

采摘后的小白菜，放置时间太久口感会变差，所以在采收后要尽快吃完。

在吃不完的情况下，可以将小白菜装入保鲜袋，然后放进冰箱的保鲜层里。

油菜别名油白菜，属十字花科白菜变种。油菜的维生素C含量比白菜多出1倍，有着通血解瘀、健体强身的功效。尤其对中老年人钙缺失的问题，有很好的补充效果。

栽培日历

月份	1	2	3	4	5	6	7	8	9	10	11	12
播种												
间苗												
追肥												
收获												

采收周期：五周　　　　难易指数：★

播种

1. 造壕 用细木棍在土壤表面上轻轻划出土壕。

2. 撒种 可将一张正方形纸对折，把种子放在折缝处，均匀地撒到造好的垄中。

3. 培土 用小铁铲轻轻填埋上土即可。

4. 浇水 用喷壶浇透水，在发芽前一直放在背阴处培育。

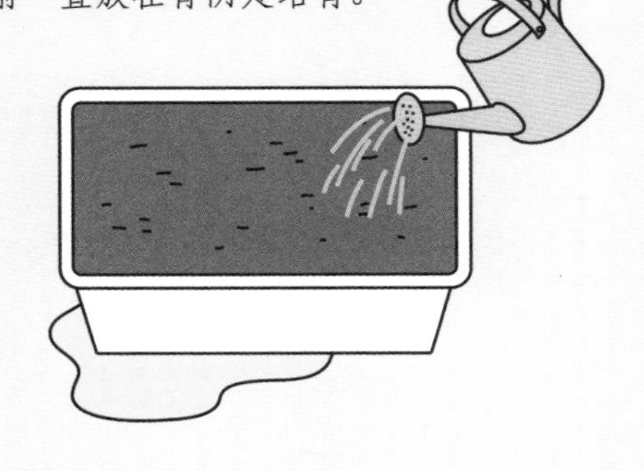

间苗

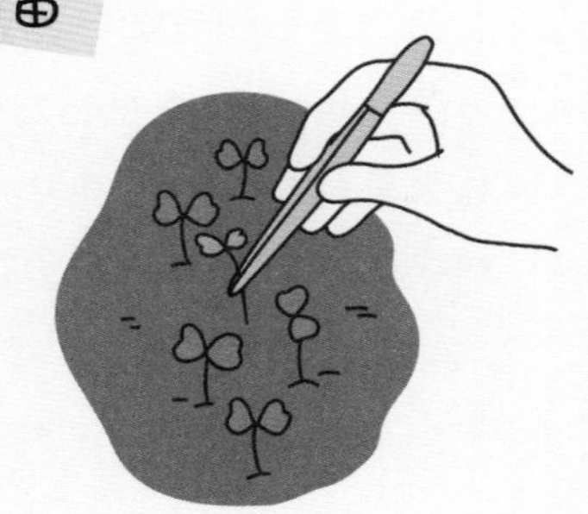

1. 拔苗 用镊子拔掉纤弱的苗，有些苗发育较为缓慢，可边观察边每2～3天间一次苗。

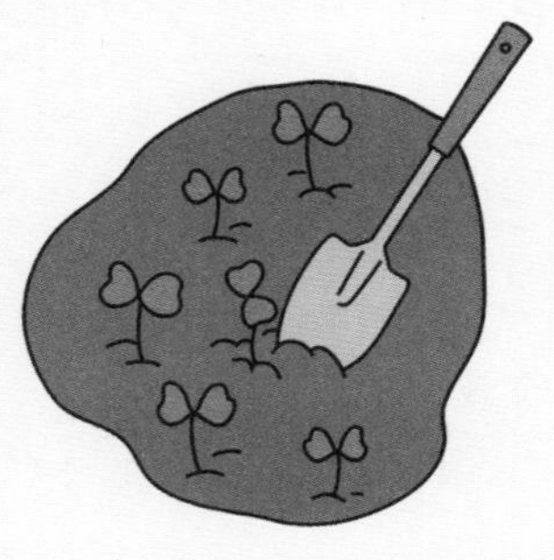

2. 培土 用小铁铲培土，以稳定幼苗的根部。

追肥

1. 追肥 长出3～4片叶子后，在菜苗根部施肥。

2. 培土 如果这时菜苗的根部没有固定支撑的话，要培一些土，以稳定根部。

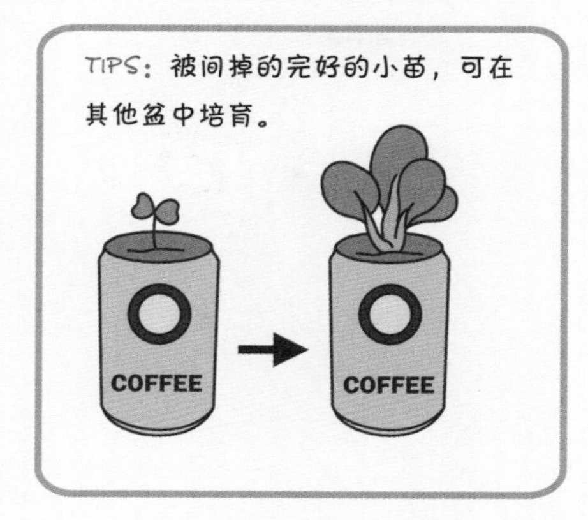

收获

根部完全长起来后，可用剪刀从植株根部剪取，也可以用手轻轻拔出植株。

如何烹饪小油菜

小小的油菜，不用切，直接拿来做菜。可以在面汤里放上一棵，视觉和口感马上就升级了。小油菜不仅可以搭配面食，还可以做汤。

苦菊为菊科菊苣属一二年生草本植物。富含维生素和矿物质，微苦的内部叶子可拌沙拉，苦味较重的外部叶片可以腌制食用。

栽培日历

月份	1	2	3	4	5	6	7	8	9	10	11	12
播种												
间苗												
追肥												
收获												

采收周期：五周

难易指数：★

播种

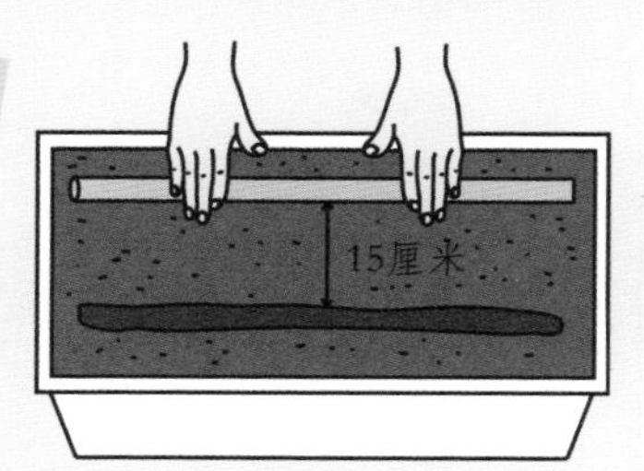

1. 造壕 将土面弄平，造深约1厘米、宽约2厘米的土壕，壕间距约为15厘米。

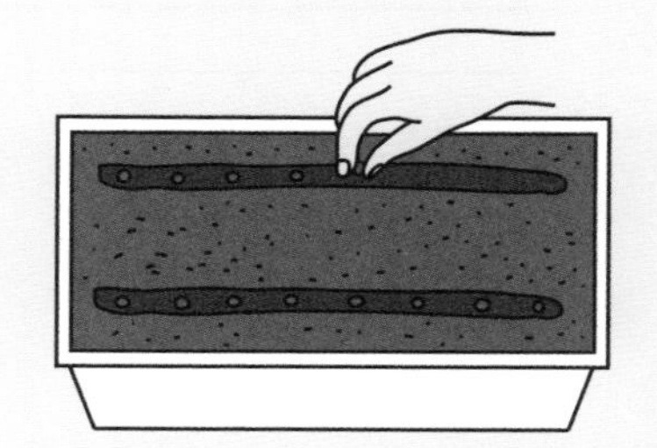

2. 撒种 每隔1厘米放一粒种子，种子不能重叠。

3. 培土 用手或小铁铲轻轻培上土，浇水，发芽前要保持土壤湿润。

间苗

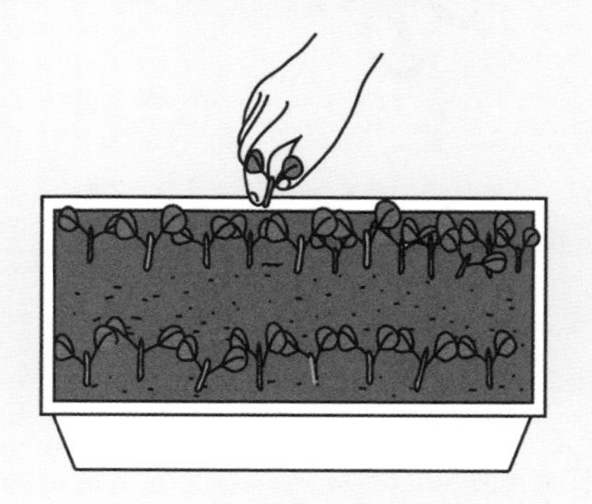

1. 拔苗 将发育较差的小苗用手指捏住拔掉，使株间距为3厘米左右。

2. 培土 间苗后的小苗根部会松动，所以要在根部适当培土。

追肥

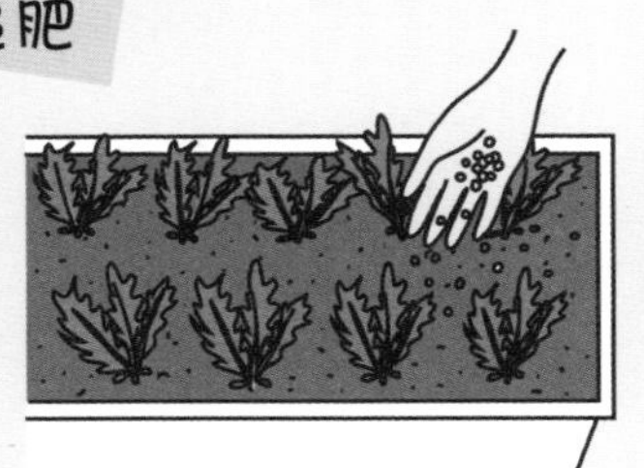

1. 追肥 当叶子长出3片后，在壕间施肥10克。

2. 培土 往菜根部位适量培上混有肥料的土。

收获

TIPS：在夏季，苦菊很容易受到害虫的侵袭，可以将植株罩起来，也可自制天然农药，以防遭受虫害。

当长到20～25厘米时，可用剪刀从植株根部剪取。

蔬菜小知识

苦菊的烹饪及保存方法

烹饪方法：刚采摘的新鲜苦菊食用起来非常可口，不妨做一次苦菊涮锅。

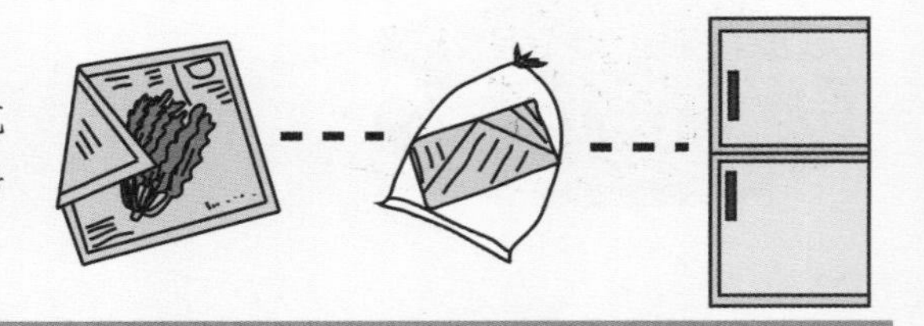

保存方法：采摘的苦菊吃不完，可以用报纸包好，然后放在冰箱里保存。

香菜

香菜，又称为芫荽、胡荽、香荽，是伞形科芫荽属、以叶及嫩茎为菜肴调料的栽培种一二年生蔬菜。香菜所含的胡萝卜素含量是番茄、黄瓜、菜豆的10倍以上，维生素E含量为番茄的1.4倍，维生素C含量是番茄的2.5倍，钙、铁含量也是高于诸多其他蔬菜。

栽培日历

月份	1	2	3	4	5	6	7	8	9	10	11	12
播种				●	●				●	●		
间苗				●	●				●	●	●	
追肥				●	●					●	●	
收获				●	●					●	●	●

采收周期：一个月

难易指数：★

种植

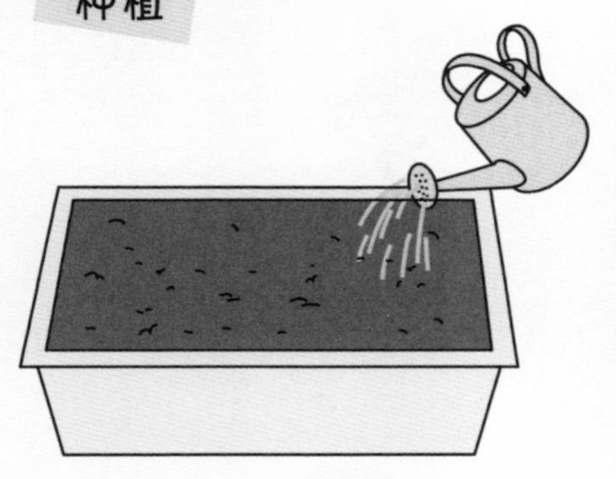

1. 将土壤装入容器内，装至3/4处，先用水壶将土壤浇湿。

2. 撒种 将种子撒在湿润的土壤中，薄薄地培上一层土。

3. 发芽后，这时要保持土壤湿润，但不能浇水过多。

间苗

TIPS：植株发芽后，如阳光过强，需适当遮阳，或放在背阴处。

植株长出2片叶子后，需及时间苗，可用小镊子拔掉弱小的菜苗。

追肥

1. 待植株长出3～4片叶子后，在植株根部追肥1次。

2. 待植株长到10厘米时，进入植株的生长旺盛期，这时要保持土壤湿润，一般3～4天浇一次水。

收获

1. 采收时间 当植株长到15～20厘米时，就能采收了。

2. 采收方法 应先采收较大的植株，较小的植株可继续生长。采收后要追肥1次。

用香菜煮粥能治疗消化不良，促进消食下气。非常适合给家里的老人和孩子食用。

香葱

香葱属百合科，是一种多年生宿根的草本植物。葱叶细软，葱味柔和，适合直接清炒或作为香料；其球茎具有辛香提味的功能。

栽培日历

月份	1	2	3	4	5	6	7	8	9	10	11	12
种植									●	●		
追肥										●	●	
收获			●	—	●							
繁殖								●	●			

采收周期：六个月

难易指数：★

种植

1. 选幼苗 先准备健康的球茎，选择在秋季种植。

2. 种苗 在土中挖出若干深3～5厘米，间隔15厘米的小坑，将球茎的嫩芽朝上植入坑中，每个小坑中可种植2～3个球茎。

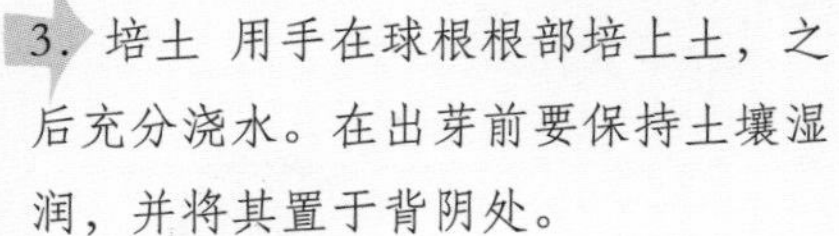

3. 培土 用手在球根根部培上土，之后充分浇水。在出芽前要保持土壤湿润，并将其置于背阴处。

4. 出芽 2～3天后球茎就会出芽，这期间要及时浇水。

TIPS：浇水可能导致土壤沉淀，要及时培土，以免影响植株生长。

追肥

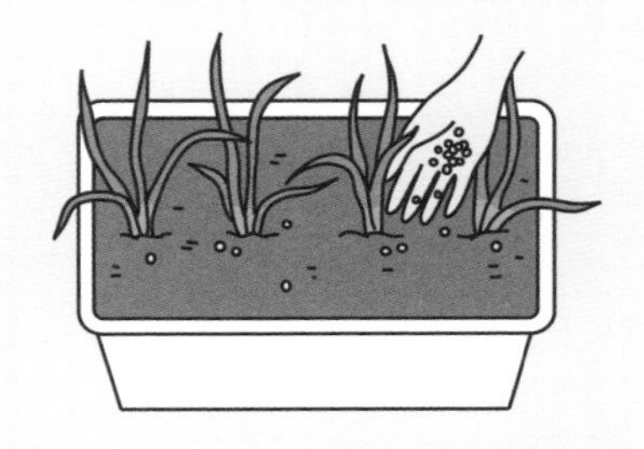

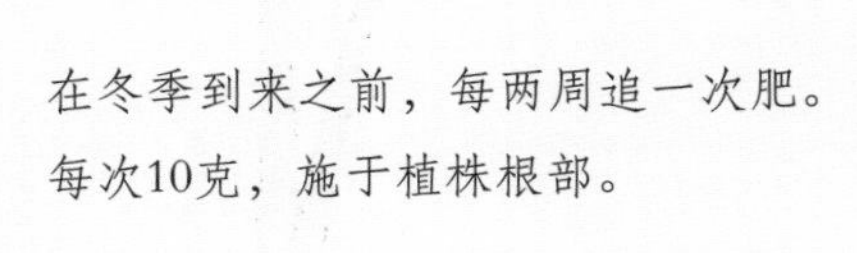

在冬季到来之前，每两周追一次肥。每次10克，施于植株根部。

收获

1. 采收时间 进入春季后，株高达到15厘米以上时即可收获。

2. 采收方法 收获时可用剪刀直接在距离根部3～4厘米处将植株剪断。

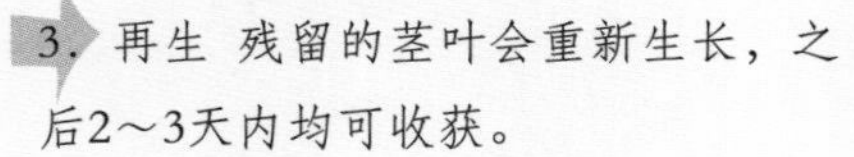

3. 再生 残留的茎叶会重新生长，之后2～3天内均可收获。

4. 最终采收 当植株生长过大时可在5月将球茎挖出。

在夏季时，香葱会开出可爱的粉红色小花，这种小花也可以食用。

洋葱

洋葱是百合科，为二年生草本植物。能够促进血液循环、温暖身体、净化血液。而且洋葱的培育方法也很简单。

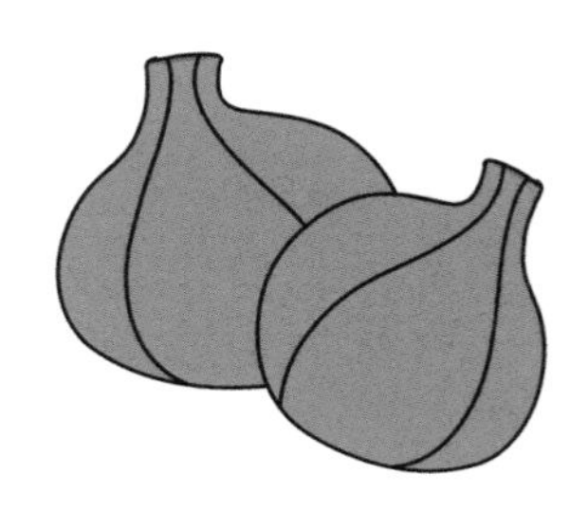

栽培日历

月份	1	2	3	4	5	6	7	8	9	10	11	12
种植										●	—●	
追肥	—●										●—	—
收获				●—	—	●						
繁殖			●—	●								

采收周期：六个月

难易指数：★

种植

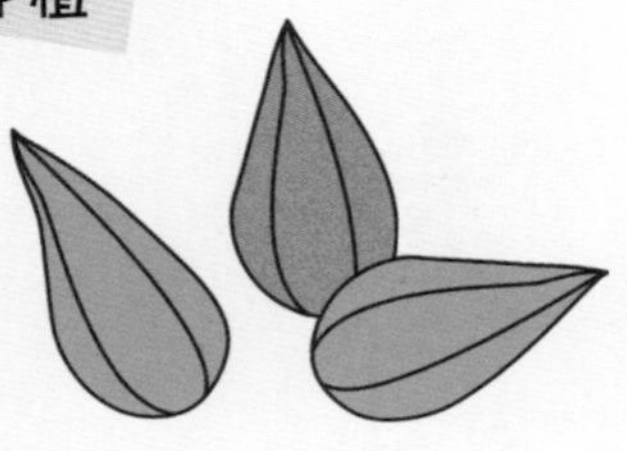

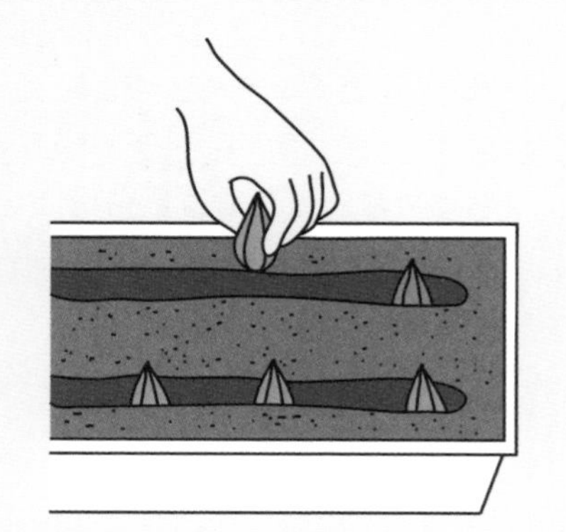

1. 选幼苗 要选择不带伤、病的幼苗。洋葱种苗适宜在秋季种植。

2. 种苗 在土中划出两列深2～3厘米的土壕，间隔10厘米左右。幼苗尖的部分朝上，每隔10～15厘米种植一棵。

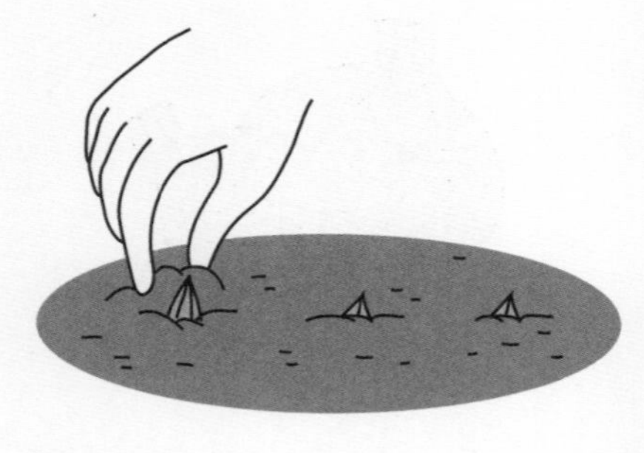

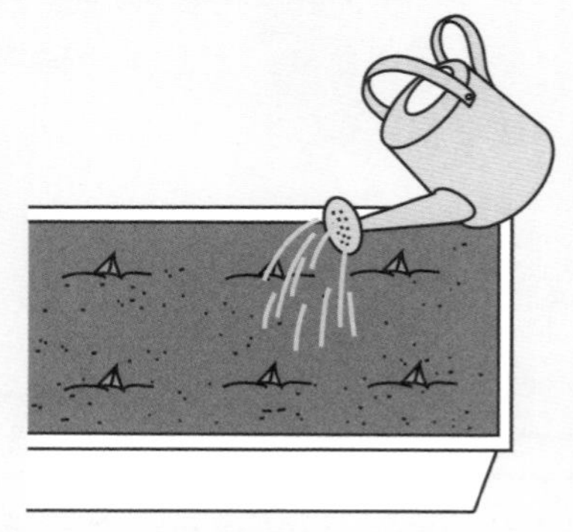

3. 培土 要在幼苗根部培土，防止植株倾倒。

4. 浇水 不要浇过多的水，否则幼苗易腐烂。将花盆移至背阴处2～3天。

追肥

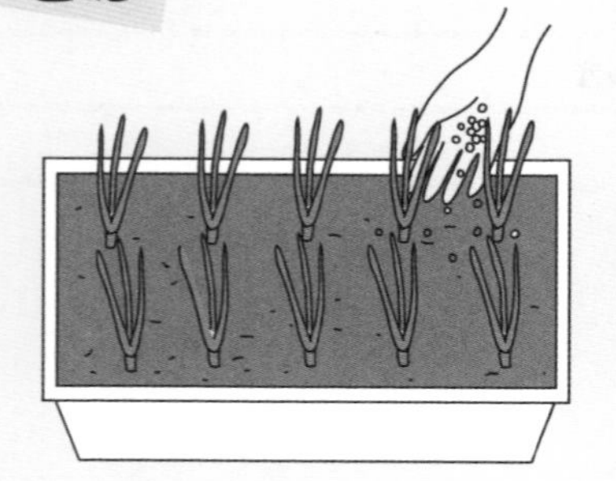

1. 追肥 当长到15厘米时，施肥10克，撒在壕间，与土混合。

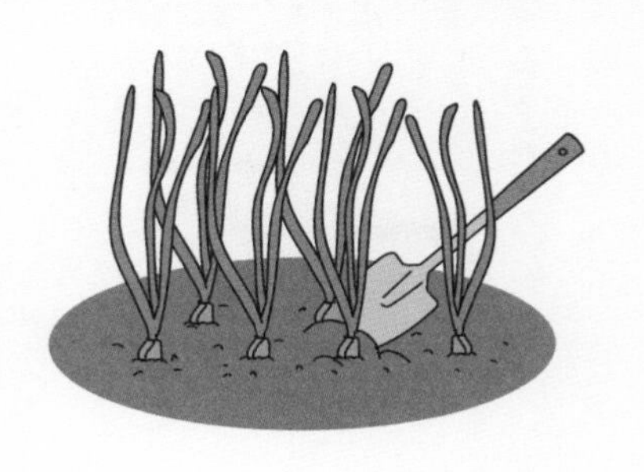

2. 培土 将混合了肥料的土培向菜苗的根部。

3. 根部膨胀后，在壕间施肥10克，与土混合。并用小铁铲碎土，将混合了肥料的土培向菜苗的根部。

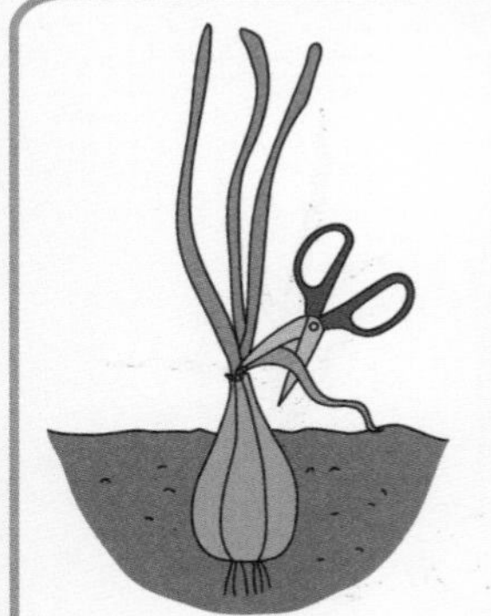

TIPS：如果这时有枯叶出现，应及时用剪刀剪去，不然容易导致病害。

收获

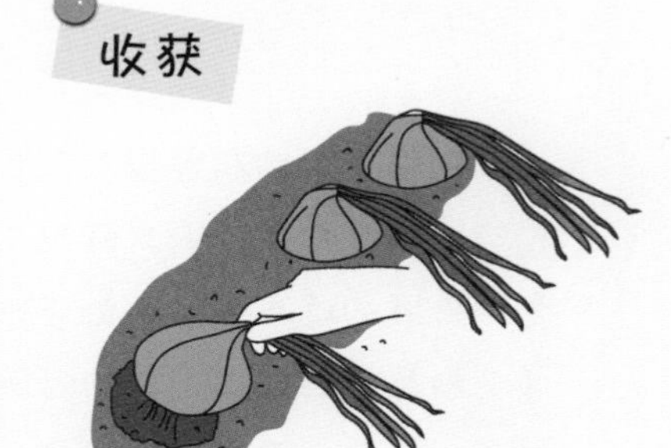

叶子倒了八成后，就可以收获了。如果全部倒了后，有的洋葱会发生腐烂现象。采摘时只要用手抓住叶子拔出来即可。

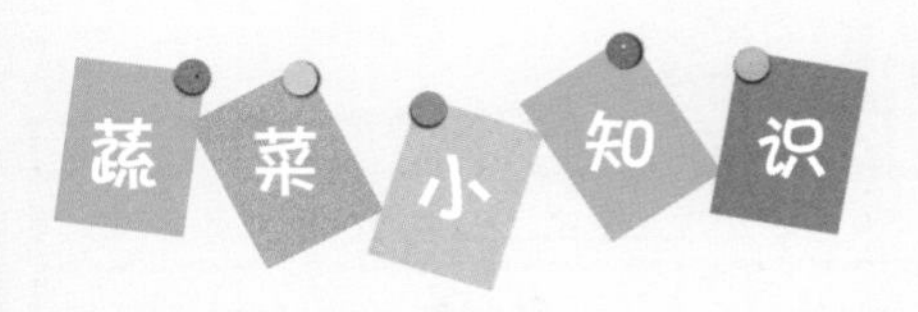

如何保存洋葱

收获后的洋葱应该放在通风良好的地方，可装在网兜里，阴干带皮保存。

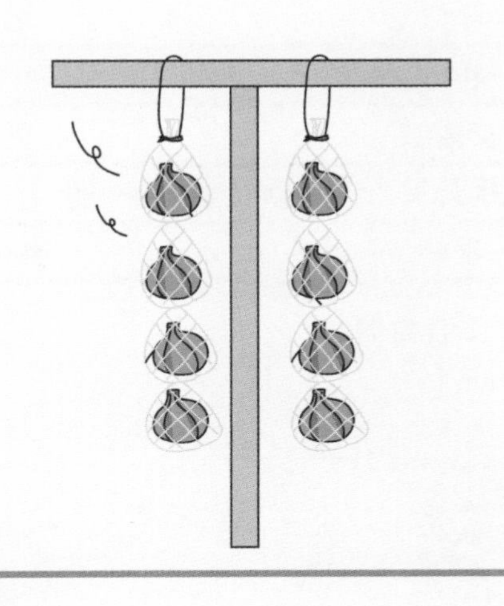

大蒜

大蒜为百合科葱属多年生草本植物。来自蒜头内的大蒜素，具有辛辣去腥的调味效果，也可作为杀菌消毒用。但烹调加热的时间不宜太长，以防止降低有效成分。

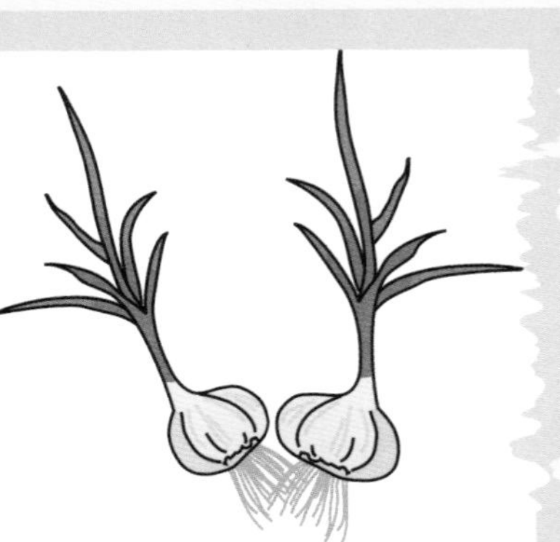

栽培日历

月份	1	2	3	4	5	6	7	8	9	10	11	12
种植									●—●			
摘球根										●—	—●	
摘花茎			●—	—●								
收获					●—	—●						

采收周期：八个月　　　　难易指数：★★

种植

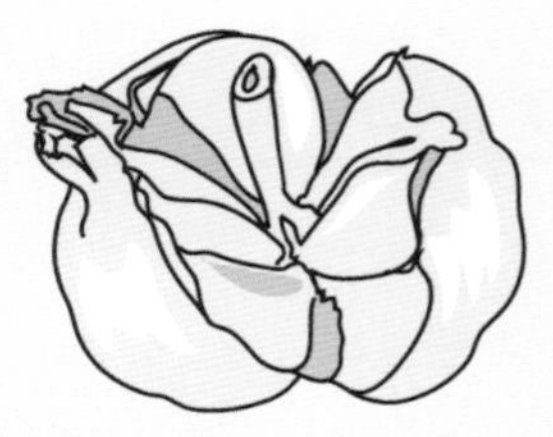

1. 选种球 用居家常见的蒜头作为种球，就可以栽培。

2. 分苞 将种球根分成7～8份。分好的球根称为鳞苞。要注意剔除长斑的鳞苞。

3. 种植 在土中挖3～5厘米，间隔15厘米的小坑，将鳞苞嫩芽朝上植入。

4. 浇水 轻轻培上土，露出鳞苞的尖部。充分浇水，将花盆置于背阴处。

摘球根

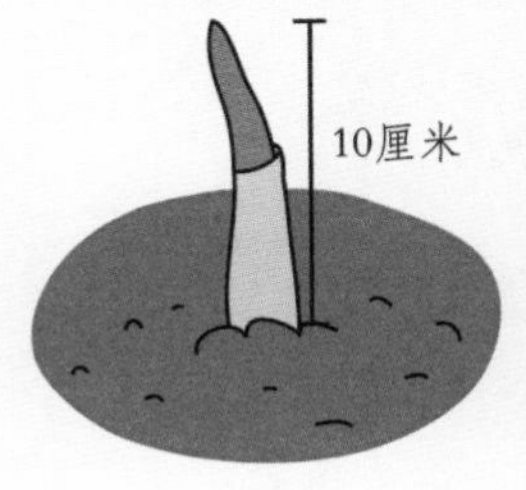

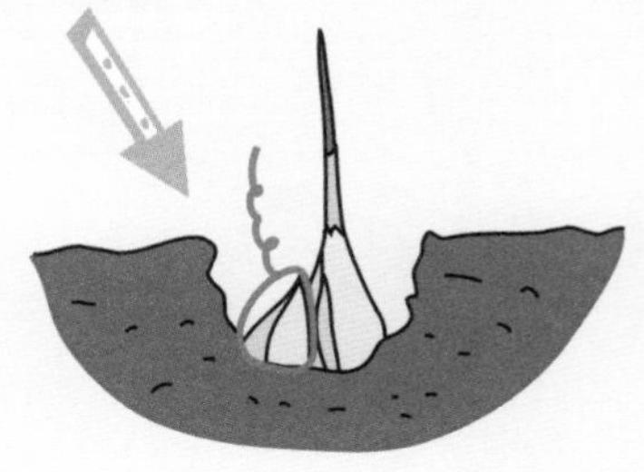

新芽长至10厘米高时挖开土壤察看，除去较小球根，再将土重新培好。

摘花茎

TIPS：若叶片出现橘黄色斑点，则说明植株的生长环境不通风。为了防止病情扩散，需及时切除患病的叶子。

进入春季植株会长出花茎。如花茎开花将影响球根发育，所以要及时摘除花茎。

收获

植株的叶子发黄后就可以挖开土壤察看，如果球根已经发育膨大，即可将植株连根拔起。

如何保存大蒜

大蒜采收结束并干燥后，可以将大蒜编起来放在干燥通风处长期保存。

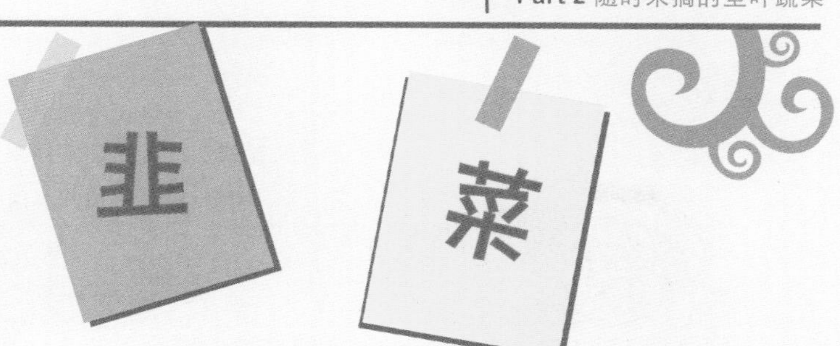

韭菜

韭菜为百合科葱属单子叶多年生宿根蔬菜。依叶形可分为大叶和小叶品种，含有丰富的纤维素、胡萝卜素和维生素C，有促进肠胃消化、提神的效果。

栽培日历

月份	1	2	3	4	5	6	7	8	9	10	11	12
播种			●	●				●	●			
间苗				●	●							
追肥				●	●							
收获				●	—	●						

采收周期：一个月

难易指数：★

播种

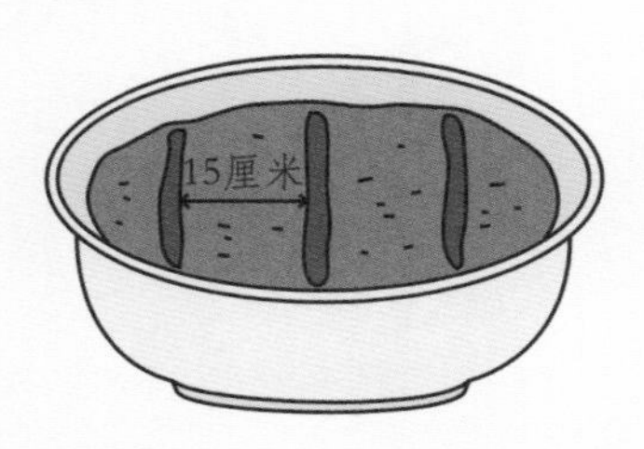

1. 撒种 将土面弄平，造出浅壕，壕间距约为15厘米。每隔1厘米放一粒种子，注意种子不能重叠。

2. 培土 用手或小铁铲轻轻培上土。

3. 浇水 播种10天左右就开始发芽，发芽后开始浇水，保持土壤湿润。

间苗

1. 间苗 当植株的叶子互相重叠时，需要间苗，摘除较小的植株。

2. 培土 用手在植株根部培上土，以固定植株根部。

追肥

韭菜生长较快，可多次采收，需要经常追肥。可将化肥撒在植株的根部。

2. 采收方法 采收时可用剪刀剪断距离根部5厘米的植株。

收获

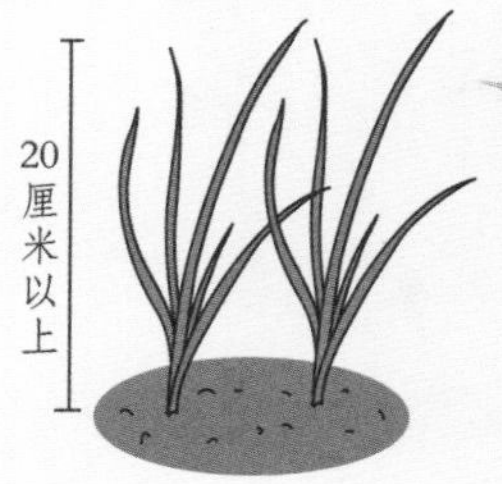

1. 采收时间 当植株高于20厘米以上时就可以采收较柔软的韭菜了。

3. 再生 植株再生之后可多年重复进行采收、追肥。

TIPS：韭菜在多次采收后叶片会变细，产量也会降低。当这种情况发生时，需要移株、分株，使植株重新恢复活力。

韭菜开花怎么办

秋季植株会长出花茎，开出白色小花。但花茎开花会影响植株生长，所以要及时摘除花茎。

紫苏

常见的紫苏有红紫苏、青紫苏及皱叶紫苏等品种，是唇形科紫苏属、一年生草本植物。含有维生素A、B族维生素、维生素C和胡萝卜素，可以作为蜜饯腌制的主要材料。

栽培日历

月份	1	2	3	4	5	6	7	8	9	10	11	12
移株					●	●						
管理					●	—	—	●				
收获						●	叶子	—	●	种子 ●		

采收周期：一个月

难易指数：★

种植

1. 选幼苗 选择叶大，健康的种苗。

2. 挖洞 将土放入容器里，所挖的洞比菜苗底部的土块略大。

3. 移株 移株时要注意保持植株的根部泥土完整。花盆的直径要在15厘米以上。

4. 浇水 移株后要充分浇水，以花盆底部流出水为度。将花盆移至背阴处2～3天。

收获

1. 采收时间 当植株长出7～8片叶子后就可以采收叶片了。

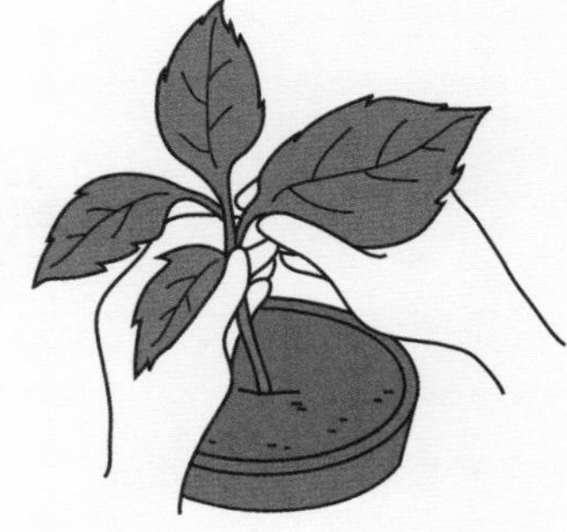

2. 采收方法 用手折下植株下部的较大叶片，残余的叶片可以继续生长。

追肥

采收叶片后每两周追肥一次，也可以用液体化肥。

采收花穗

8月下旬的植株会开出白色的小花。

TIPS：当紫苏开出白色的小花，花穗不仅能食用，还具有观赏价值。

如何凉拌紫苏叶

①采摘新鲜紫苏叶，用清水洗净，放入沸水锅内焯透，捞出，再用清水洗一洗，挤干水分，备用。

②将紫苏叶用刀切成段，直接放入盘内，加入盐、味精、酱油、麻油拌匀，即可食用。

芝麻菜为十字花科芝麻属一年生草本植物。有着独特的苦味和芝麻一般的香味，加在沙拉里特别提味,新摘的芝麻菜香气尤为浓郁。

栽培日历

月份	1	2	3	4	5	6	7	8	9	10	11	12
播种				●	—	●				●	●	
收获（花茎）				●	●				●	●		
收获（叶）					●	●				●	●	

采收周期：五周

难易指数：★

种植

1. 选幼苗 选择叶子大，颜色鲜艳的健康种苗。

2. 挖洞 将土放入容器里，所挖的洞比菜苗底部的土块略大。

3. 移株 移株的时间要避开盛夏和严冬。移株时要注意保持植株的根部泥土完整。花盆的直径要在15厘米以上。

4. 浇水 每天1次，如果出现干燥现象，应在晚间多浇1次水。

收获

1. 采收时间 株高达到10厘米时就可以采收叶片。残留的叶片可再次生长。

TIPS：**植株开花后叶片会变硬，如要大量采收叶片需要在花茎开花之前将其摘下。**

2. 采收方法 优先采取柔软、翠绿的叶片。大规模采收后需要及时追肥。

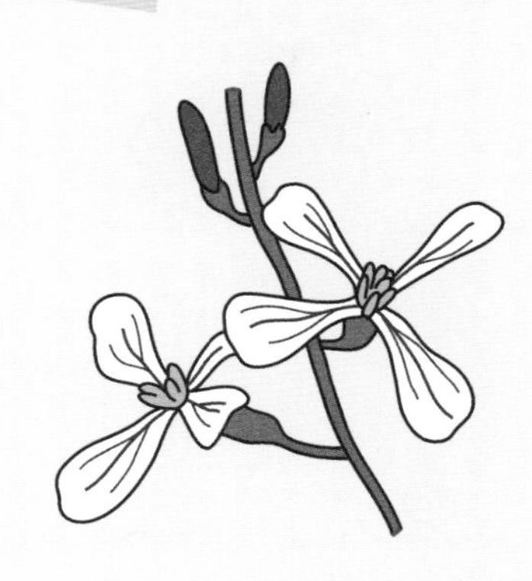

6～8月之间会生出花茎并开出白色小花。

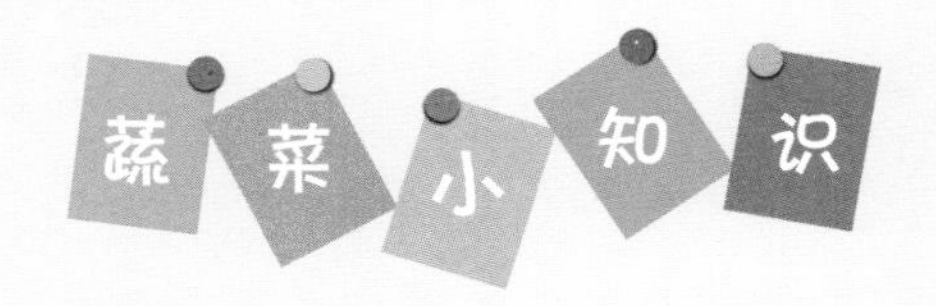

如何保存芝麻菜

芝麻菜不适合干燥后保存，最好即用即采。若需要保存，可将芝麻菜夹在湿润的厨房用纸或报纸中，装入塑料袋后放进冰箱保存。

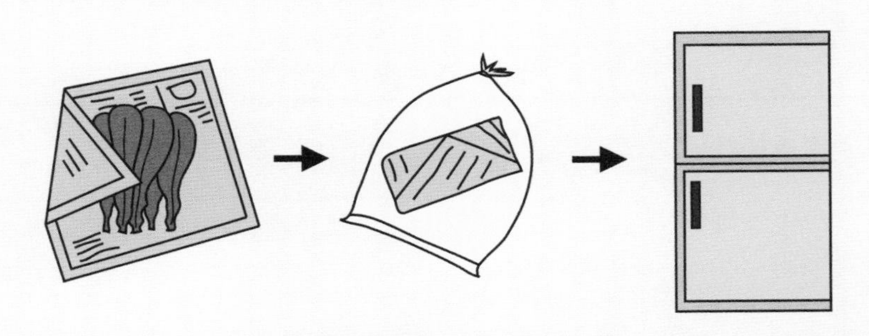

西兰花为十字花科芸薹属甘蓝种的一种变种，一二年生草本植物。西兰花喜凉，推荐在秋天时从幼苗开始培育。

栽培日历

月份	1	2	3	4	5	6	7	8	9	10	11	12
种植			●	●				●	—	●		
追肥				●	—	●			●	—	●	
收获					●	●					●	●

采收周期：五周　　　　难易指数：★

种植

1. 选幼苗 选择长势端正、真叶有5～6片，叶子不能有虫子啮食过的痕迹的幼苗。

2. 挖洞 将土放入容器里，所挖的洞比菜苗底部的土块略大。

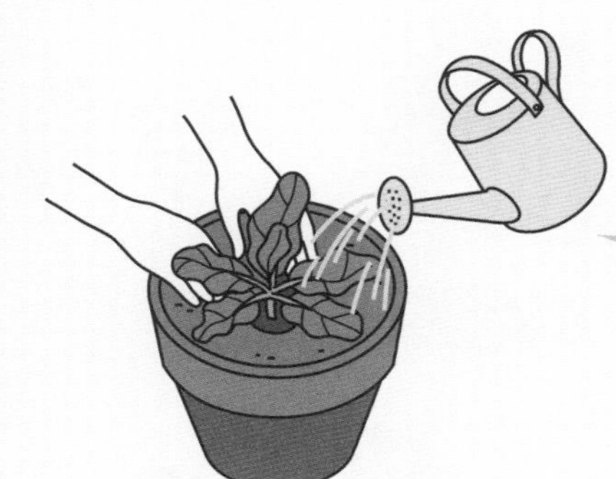

3. 移株 用手按住苗底，从小罐里取出，注意不要使根部土块碎掉，放入洞中，轻压，浇水。

追肥

1. 追肥 在植株根部撒10克肥料。每3周1次。

TIPS：当叶片长大后，很容易遭受虫害，因此要及时做好防护措施，可将植株罩起来，或自制天然杀虫剂。

2. 培土 往植株根部培土，防止菜苗倒地。

收获

1. 采收时间 花蕾直径长到10～13厘米时可收获。

2. 采收方法 用剪刀剪断花蕾底部的茎。采收结束后，再在植株根部施一些肥，还会从侧面长出一些小花蕾，这样就又能有所收获。

什么是长茎西兰花？

长茎西兰花是由西兰花与芥蓝杂交而成，长茎西兰花的花蕾、茎都很可口，茎比普通菜花茎软，味道似芦笋。

PART 3

漂亮又甜美的果菜

圣女果

圣女果属茄科，其颜色亮丽诱人、形状小巧优美，既是营养蔬菜又是美味水果，颇受大众喜爱。圣女果除了富含番茄所具有的各种营养成分外，还有含比一般的番茄更多的维生素。

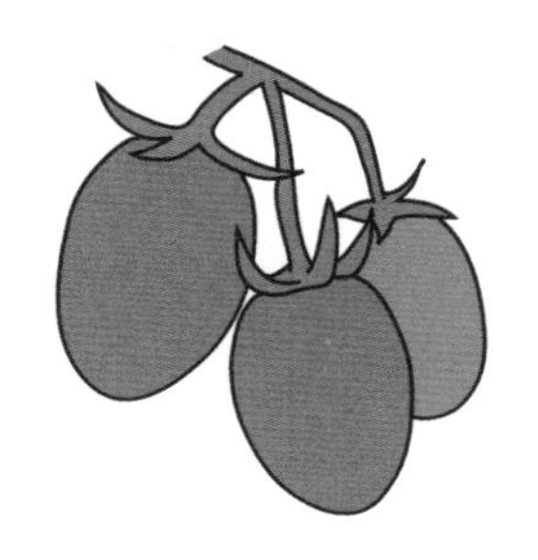

栽培日历

月份	1	2	3	4	5	6	7	8	9	10	11	12
种植				●	●	●						
除腋芽					●	●						
追肥					●	●	●					
收获							●	●				

采收周期：二个月

难易指数：★★★

种植

1. 选幼苗 春季植苗时要选择叶茎挺拔，叶片整洁的幼苗。

2. 移株 在大花盆中挖洞。用手按住苗底，从小罐里取出，注意不要使根部土块碎掉，放入洞中，轻压。

3. 浇水 充分浇水直至花盆底部有水流出，将花盆置于背阴处2～3天。

支架

植株生长至20～30厘米时要搭50厘米高的支架，用麻绳将茎和支杆轻轻捆绑。之后随着植株的生长，要换成100～150厘米的支架。

摘芯

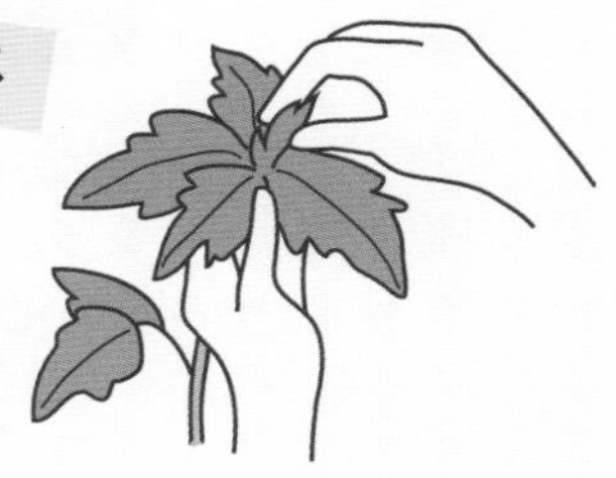

当植株超过支架继续向上生长时，要摘除主枝尖端的嫩芽，防止植株继续长高，影响开花。

摘腋芽

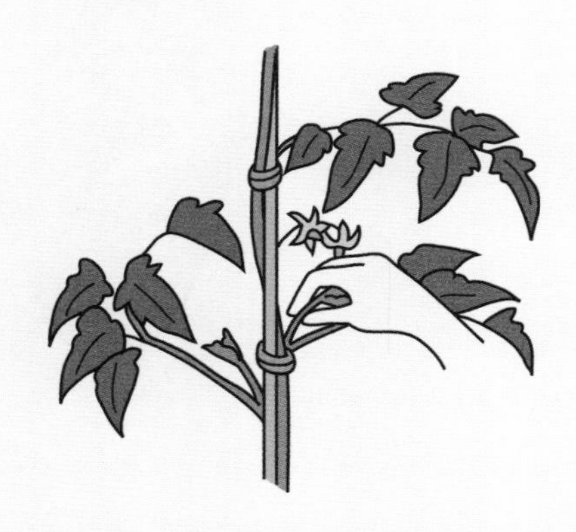

要及时摘除花朵下方的腋芽，以保证植株的整体发育。

收获

开花后，20天左右就会结果。待果实颜色完全变红后即可采收。

追肥

植株结果后对化肥的吸收能力会增强，这个时期每10天左右追加1次液体化肥。

TIPS：如果植株的叶子出现颜色不佳，而且有打卷的趋势，这说明植株需要营养了，应该及时进行追肥。

蔬菜小知识

如何挑选种苗

选种苗时应挑茎部较粗，有结节、子叶，并长出8～10片真叶的种苗。另外，要选择花蕾较多的种苗，这样的种苗会结出更多的果实。

茄子

茄子为茄科茄属以浆果为产品的一年生草本植物。富含胡萝卜素、B族维生素、维生素C和蛋白质，尤以紫色品种的茄子，维生素含量更高。烹调方式多元，采用蒸煮和干烤的方式，可同时保留茄子的甜味和营养素。

栽培日历

月份	1	2	3	4	5	6	7	8	9	10	11	12
种植					●	●						
除腋芽						●●		●●				
追肥						●	—	—	●			
收获							●	—	—	●		

采收周期：二个月　　　　难易指数：★★

种植

1. 选幼苗　要选的幼苗应该整体结实，有7～8片真叶，叶子色泽浓绿，带花或花蕾。

2. 挖洞 将土放入大花盆中，挖一个洞。

3. 移株　用手按住苗底，从小罐里取出，注意不要使根部土块碎掉，放入洞中，轻压。

4. 浇水　土层表面干了之后要马上浇水，直到有水从容器底部流出。

支架

选一根长约为120厘米的支杆，插入植株旁边的土壤里，选择合适间距，将茎与支杆用麻绳捆绑。

摘腋芽

留下主干花朵下方的2个腋芽，其余的用手掰掉或用剪刀剪掉。

追肥

花谢后，果实开始长大，此时每2周追肥1次，1次10克。

在植株根部撒完肥料之后，进行培土，将肥料埋在土壤中。

TIPS：茄子花是晴雨表

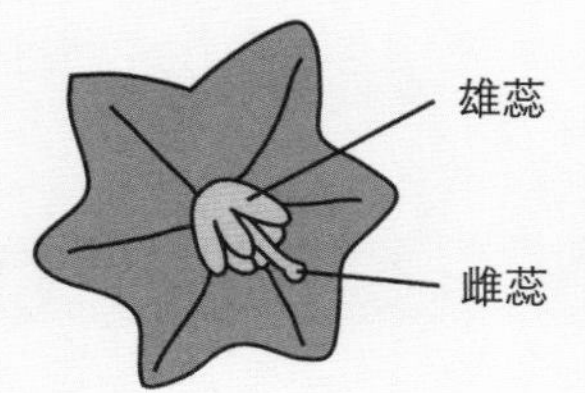

看茄子花就可以大概明白其健康状况。中心部分较长的是雌蕊；围绕雌蕊，较短的是雄蕊。如果雌蕊高于雄蕊则说明茄子生长状况良好。如果雌蕊藏在雄蕊中则说明水分和养分不足，这样很难授粉，难以结出果实。

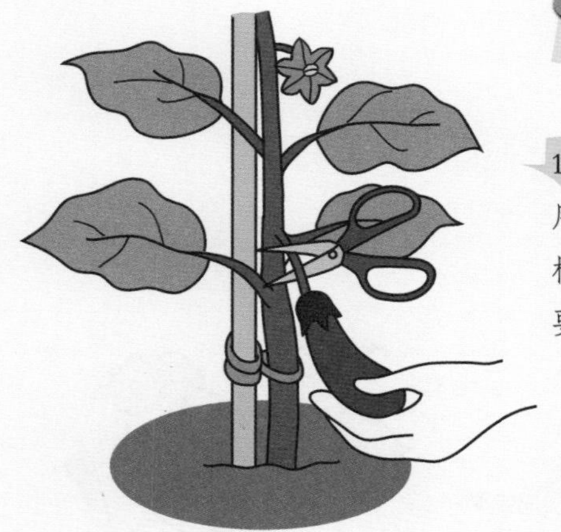

收获

1. 初次采收　果实长到10厘米左右时，用剪刀从蒂上端轻轻剪取。为了能够让植株更好地吸取营养，最开始的果实要早点采摘。

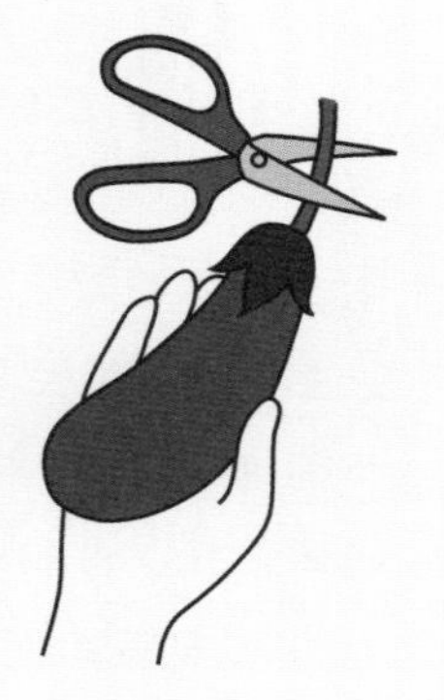

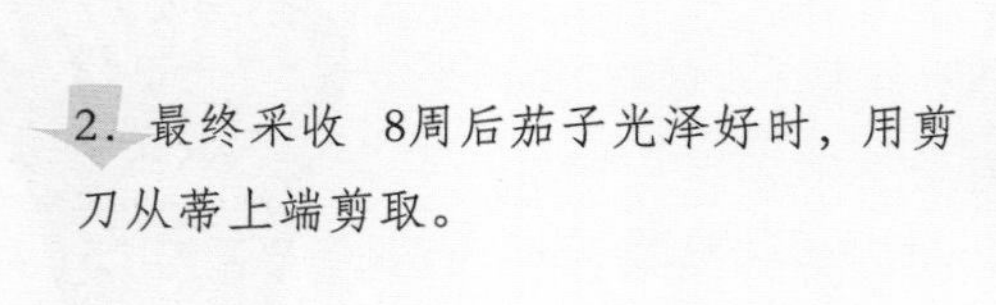

2. 最终采收　8周后茄子光泽好时，用剪刀从蒂上端剪取。

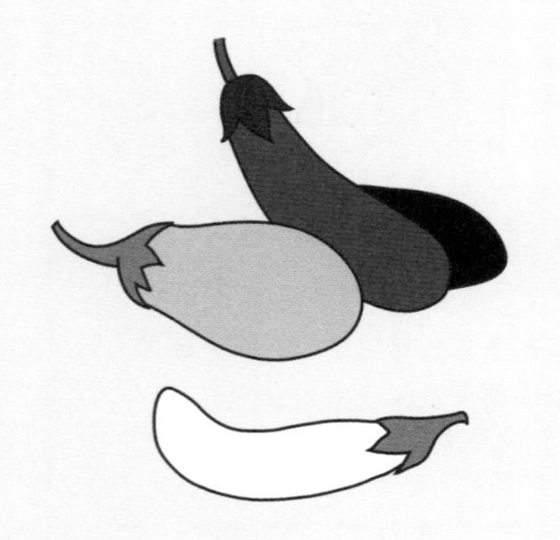

按颜色选茄子

茄子有很多品种，从颜色上分，有黑茄、紫茄、绿茄、白茄以及许多中间类型。由于对人体有益的类黄酮存在最多的部位是有色表皮和果肉结合的地方，所以深紫色或黑色的茄子才是保健的上品，白茄子是最差的。

黄瓜为葫芦科甜瓜属中幼果具刺的栽培种。为一年生草本蔓性攀缘植物。黄瓜吃起来多水清脆，含钾盐、维生素C、维生素E等营养，其所含有的细纤维素，在降低胆固醇、促进肠胃消化、改善机体新陈代谢等方面更是有着显著功效。

栽培日历

月份	1	2	3	4	5	6	7	8	9	10	11	12
种植				●	●							
支架						●	—	—	●			
追肥				●	—	—	—	—	●			
收获						●	—	—	●			

采收周期：一个月

难易指数：★★

种植

1. 选幼苗　真叶有3～4片，色泽好，苗结实。

最好选择嫁接品种，黄瓜的嫁接品种抗寒性、抗病性都较好。

2. 移株　在大盆中挖洞，用手按住苗底，从小罐里取出，注意不要使根部土块碎掉，放入洞中，轻压。

TIPS：若一个容器中栽培2株或2株以上的苗，其苗与苗之间的间距要大于30厘米。

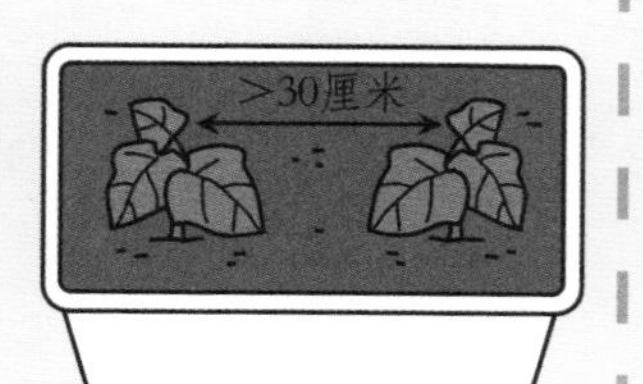

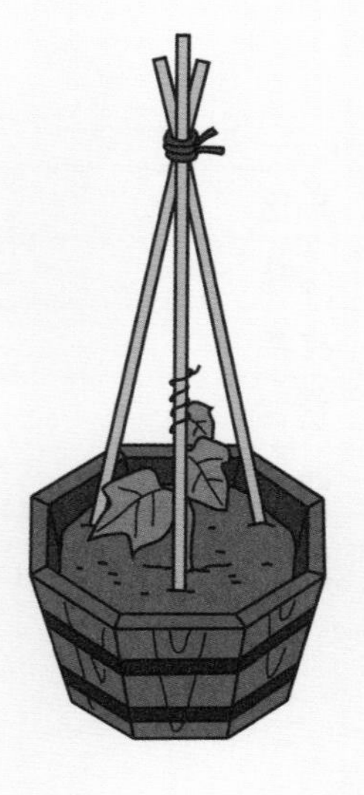

支架

植株生长后，选择3根支杆，等间隔插入，在上部捆绑。

用麻绳将蔓与支杆捆绑，要适当宽松，可缠8字型，使主蔓向上生长。

抓一把化肥，撒在植株根部，与土壤混合。之后每两周追肥1次。

收获

第一茬的果实在长到15厘米时即可收获。往后的果实在长到18～20厘米时收获。

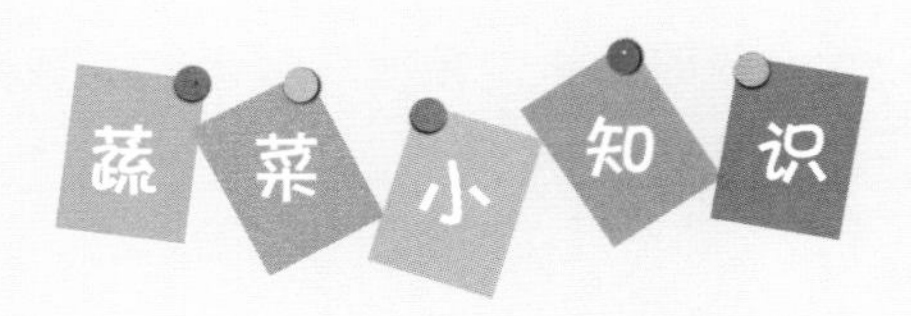

黄瓜为什么会弯曲

黄瓜弯曲是由于肥料不足、高温等原因导致。不过弯曲的黄瓜并不比直的口感差。如果想培育直的黄瓜，一定要认真浇水、施肥。

苦瓜

苦瓜属葫芦科苦瓜属中的一年生攀缘性草本植物。含有丰富的维生素A、维生素C、胡萝卜素等营养，常见的品种有白玉苦瓜、绿皮苦瓜和山苦瓜。微苦回甘的滋味，特别适合食欲不振的夏季食用。

栽培日历

月份	1	2	3	4	5	6	7	8	9	10	11	12
种植					●	●						
摘芯							●	—	●			
追肥						●	—	—	●			
收获							●	—	●			

采收周期：一个月

难易指数：★★

种植

1. 选幼苗 有3～4片真叶，叶片完整，没有受损的痕迹。

2. 移株 将土放入大花盆中，挖一个洞。用手按住苗底，从小罐里取出，注意不要使根部土块碎掉，放入洞中，轻压。

3. 浇水 每天早上浇1次水，要将土壤浇透。

支架

植株生长后，选择3根支杆，等间隔插入，在上部捆绑。用麻绳将蔓与支杆捆绑，要适当宽松，可缠8字型，使主蔓向上生长。

摘芯

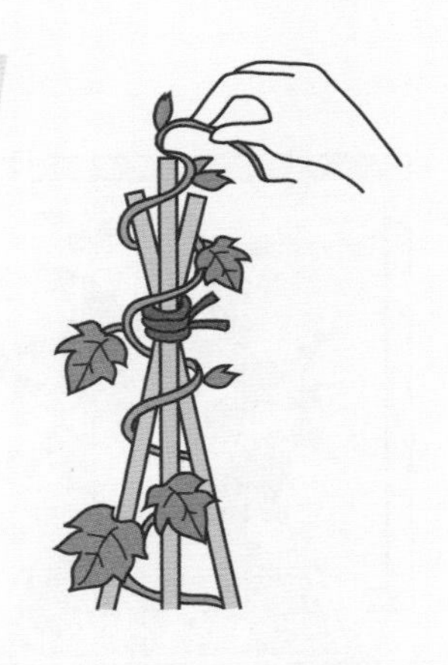

当主藤超过支架高度时，摘除顶端的嫩芽，以促进腋芽生长。

追肥

植株开出小黄花时，每两周施1次肥。若肥料不足会严重影响结果。

收获

果实长到18～20厘米时收获。最先结出的果实要尽早收获，以免增加植株负担，影响后续结果。

TIPS：未完全成熟的苦瓜也可以采收，但是过嫩的苦瓜，瓜肉硬，营养积累不足，苦味浓，因此食用时会影响口感。

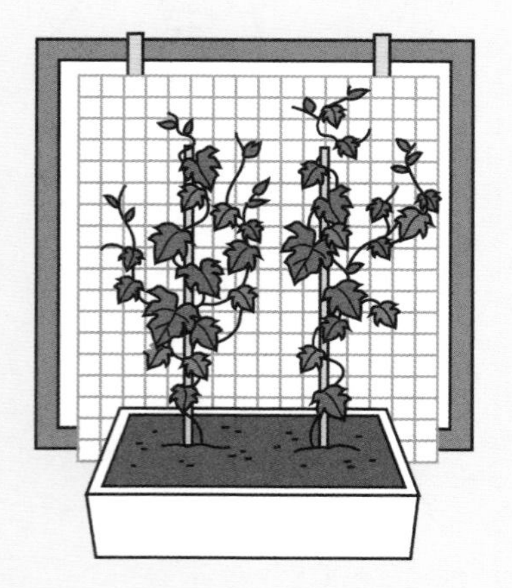

苦瓜的其他培育方法

网格培育

在窗户附近放置网格，下面摆好花盆，藤蔓会渐渐爬到网格上，形成天然的绿色窗帘。

小南瓜

南瓜为葫芦科南瓜属一年生草本植物，南瓜果肉和果皮均能食用，含有维生素A、B族维生素、维生素C和天然糖分等营养。且南瓜耐储藏，可依照嫩熟程度烹调鲜食或加工成甜品。

栽培日历

月份	1	2	3	4	5	6	7	8	9	10	11	12
种植					●							
人工授粉						●						
追肥						●	●					
收获							●	●				

采收周期：两个月

难易指数：★★★

育幼苗

1．播种　南瓜种子坚硬，播种前要先将种子在水中泡一晚上，之后晾干。将处理过的种子撒在花盆中，种子不能重叠。

2．培土　在种子上薄薄的培上一层土。

间苗

1．拔苗　将发育较差的小苗用手指捏住拔掉，使株间距为3厘米左右。

TIPS：要种植小南瓜，也可以直接买幼苗培育。购买的幼苗要选择茎部结实，叶子没有损坏的。

2．培土　间苗后的小苗根部会松动，所以要在根部适当培土。

种植

待植株长出3～4片真叶，就可以准备移株了。如移株到花盆中，最好选择深度在50厘米以上的花盆。其移株方法同苦瓜。

支架

约1个月后，植株开始蔓生时就该搭支架了，并用麻绳将蔓与支杆捆绑，避免绑死，让植株还有长大的空间。

人工授粉

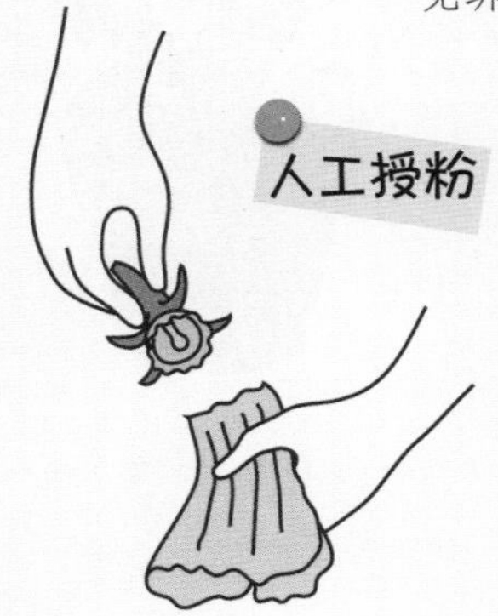

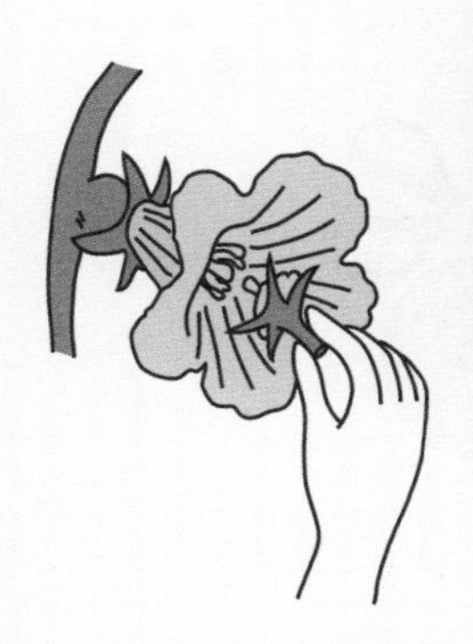

1. 摘雄花　开花后，摘下雄花，去掉花瓣，留下花蕊。

2. 授粉　将雄花贴近雌花授粉。

TIPS：如何区分雄花与雌花：

黄瓜、苦瓜、南瓜等葫芦科的蔬菜，雄花和雌花不同体。根部结小果实的是雌花。摘除雄花，用花蕊涂擦雌花花蕊，进行授粉。

摘芯

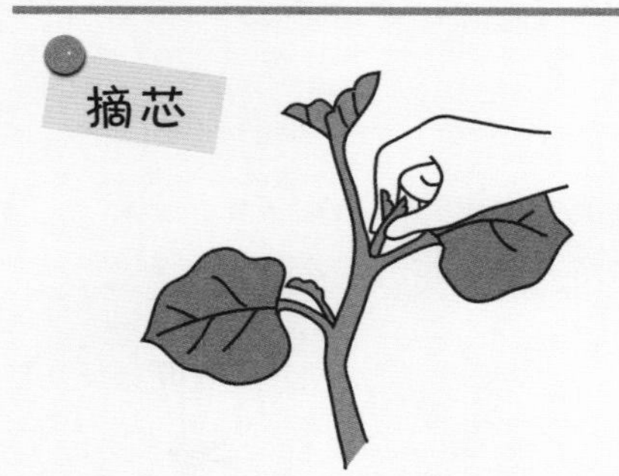

南瓜分支性强，会有遮蔽日照和通风不良的问题，适时摘除多余枝蔓还能避免浪费养分。

南瓜吸肥力强，生长期间约追肥2～3次。通常当蔓生长到35～50厘米，和植株开始结果发育时即可追加。

收获

熟了的南瓜蒂部变成木质，皮变硬。用剪刀从瓜蒂和瓜蔓连接的地方剪断，这样既不影响植株的生长，也不影响南瓜的贮藏。

如何保存小南瓜

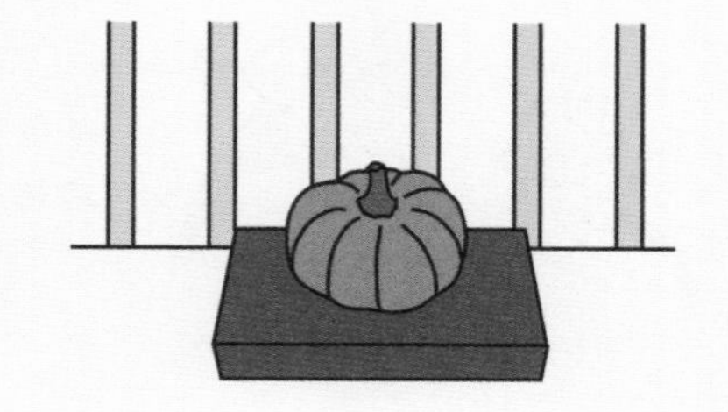

南瓜采摘后，将其放在通风、光照好的地方放置一周左右。放置一段时间可以让南瓜的甜味增加。而且未切开的南瓜放置1～2个月，营养和口感都不会差。

甜椒与辣椒

是一种茄科辣椒属植物，为一年或多年生草本植物。甜椒和辣椒的品种众多，果实颜色、形状和辣度各异，都含有丰富的维生素A、维生素C及胡萝卜素，可以促进肠胃蠕动、帮助消化，但辣椒应避免大量食用，以免伤及肠胃。

栽培日历

月份	1	2	3	4	5	6	7	8	9	10	11	12
种植					●							
摘腋芽					●	●						
追肥						●	●	●	●			
收获						●	●	●	●	●		

采收周期：一个月

难易指数：★★

种植

1. 选幼苗 大约有7～8片真叶，有花蕾，叶子没有虫害。

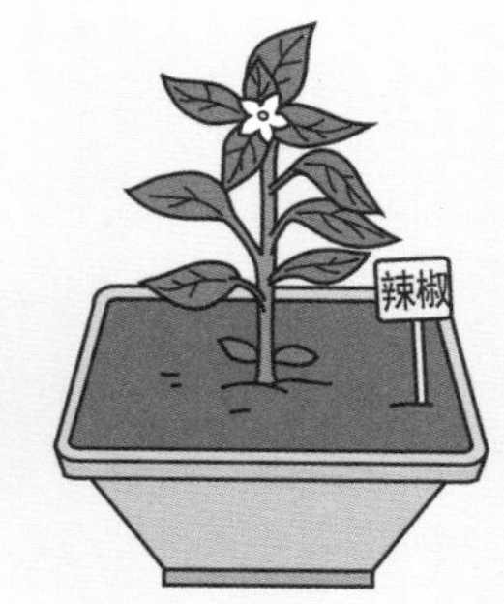

2. 移株 在准备好的花盆中挖一个洞，用手按住苗底，从小罐里取出，放入洞中，轻压。

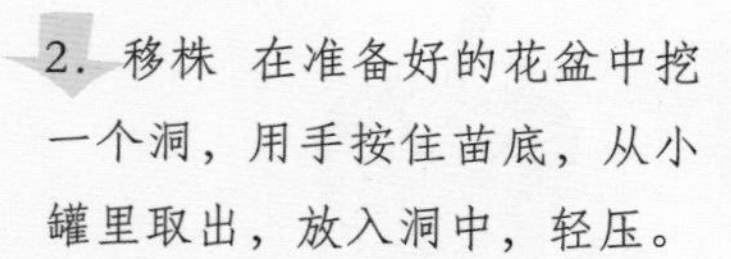

3. 浇水 一直浇到有水从容器底部流出。

支架

将支杆插入土壤中，距幼苗5厘米，用麻绳将茎和支杆轻轻捆绑。

摘腋芽

留下主枝花朵下方的2根腋芽，其余腋芽全部摘除。

TIPS：如有不开花，也不结果实的植株，可以将其叶子摘下当菜吃。

追肥

当花朵枯萎，果实开始膨胀时，每月施1次肥。并将肥料埋在土壤中。

收获

甜椒生长到5～6厘米时可以收获。辣椒变红时开始收获。到秋天叶子开始枯萎时，再整株收获。

蔬菜小知识

如何保存辣椒

将辣椒铺在纸上，置于阳台的阴凉处，一周左右就可以自然风干。强烈的日晒会令辣椒褪色，所以一定要放在阴凉处。风干后的辣椒，可以放在密封容器内保存。

毛豆属于豆科植物，其豆荚为嫩绿色，青翠可爱，毛豆老熟后就是我们熟悉的黄豆。毛豆中的脂肪含量高于其他种类的蔬菜，但其中多以不饱和脂肪酸为主，如人体必需的亚油酸和亚麻酸，它们可以改善脂肪代谢，降低人体中甘油三酯和胆固醇含量。

栽培日历

月份	1	2	3	4	5	6	7	8	9	10	11	12
播种				●	●							
间苗					●	●						
追肥					●	●						
收获							●		●			

采收周期：三个月

难易指数：★★

播种

1．撒种 在花盆中挖深2厘米，直径约5厘米的洞。一个洞中放3粒种子，种子之间不能重合。

2．培土 用土壤将洞填平。直到发芽前要保持土壤湿润。

间苗

当植株长出叶子后，将生长弱小的植株拔掉，一个洞中留2株幼苗。用手轻轻在植株根部培上土。

摘芯

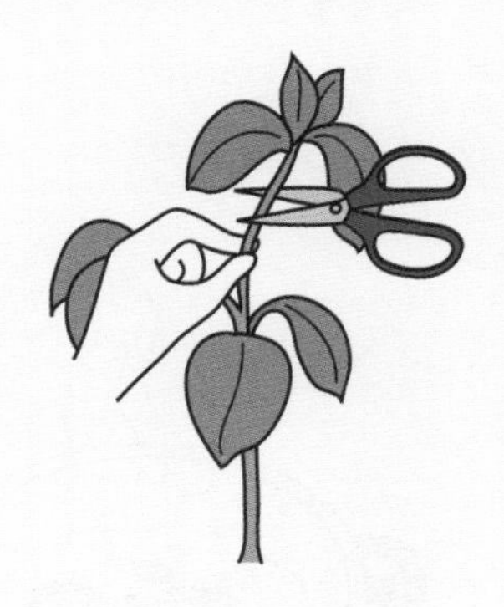

在生出5～6片叶子时剪掉顶芽，这样能够保证侧枝发育。

追肥

1．第一次追肥 播种后三周施肥1次。

2. 第二次追肥 开花后六周施肥1次。

3. 第三次追肥 长出小豆荚时（约八周）施肥1次。每次追肥都在植株底部施肥4克，并与土混合。

如何食用毛豆更健康？

食用时，先将毛豆洗干净放入锅中，加适量食盐、水，煮熟即可。也可以在煮毛豆的同时，添加一些补脾益气的中药，如黄芪、党参、太子参等。

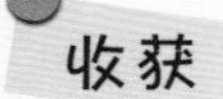

用剪刀从植株根部剪断。

TIPS：每个豆荚中长出三粒左右的豆粒时，用手捏豆荚，如果有豆蹦出来，则说明毛豆成熟了。

豌豆

豌豆属豆科植物，豌豆可依食用的部位不同，分为嫩荚、嫩豆及甜豆等类型，而圆润饱满的豌豆含有优质的蛋白质、铁和钾等营养，适合给发育中的儿童食用。

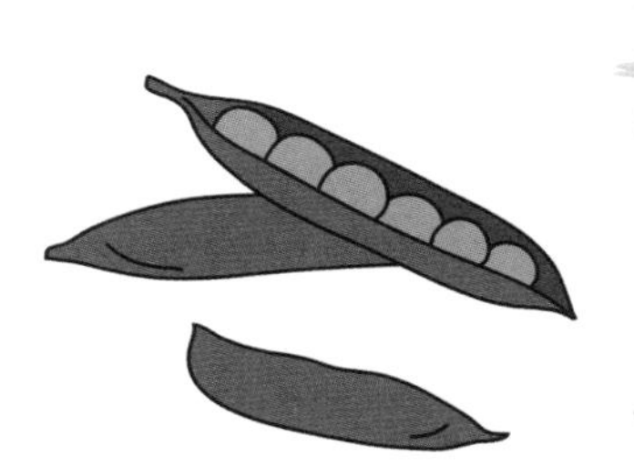

栽培日历

月份	1	2	3	4	5	6	7	8	9	10	11	12
播种										●	●	
间苗	●										●	—
追肥	●	—	●									
收获					●	●						

采收周期：六个月

难易指数：★★

种植

1. 选幼苗 选择有4～5片真叶，色泽好的幼苗。

2. 移株 在花盆中植入3～4株幼苗，充分浇水后放置在背阴处2～3天。同时要避免植株受冻。

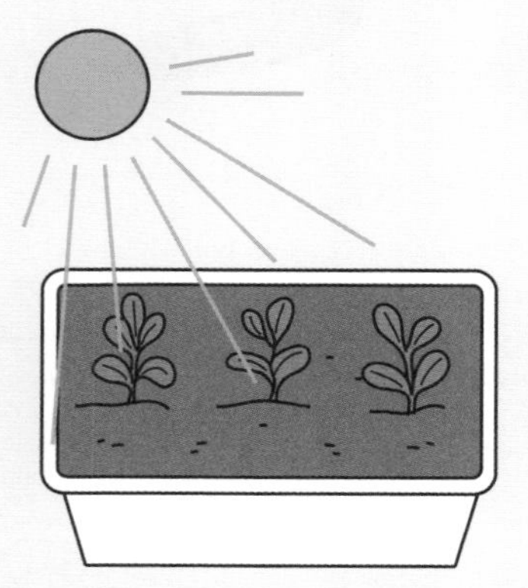

3. 幼苗开始发育后将花盆移至日照条件较好的地方。

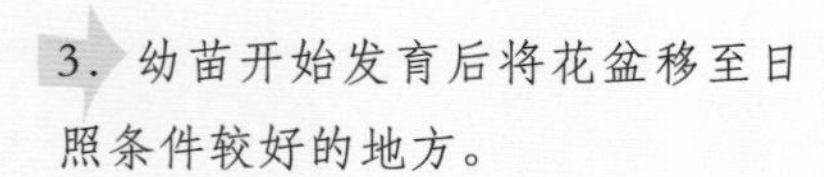
TIPS：豌豆不适宜在潮湿的环境中生长。若水分过多，会使叶子颜色变淡，根部腐烂，从而影响植株生长。

支架

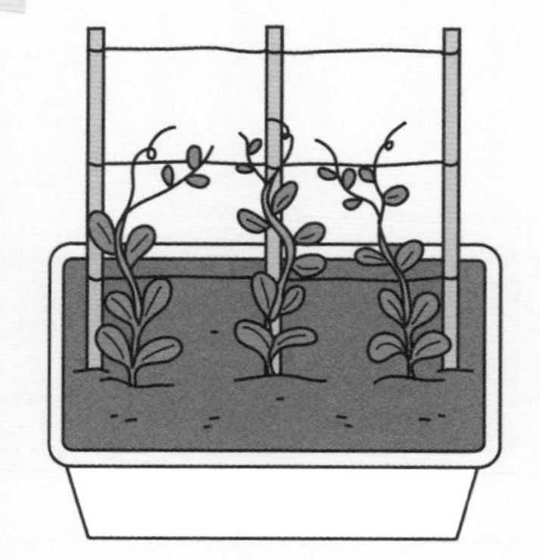

在花盆中并排支起3～4根支杆，横向拦好线绳，藤蔓会沿着支杆自动向上攀爬。

追肥

植株开花前在根部撒肥10克，与土壤混合。植株开花期间应避免过度施肥，以免结荚时间延缓，从而影响产量。

收获

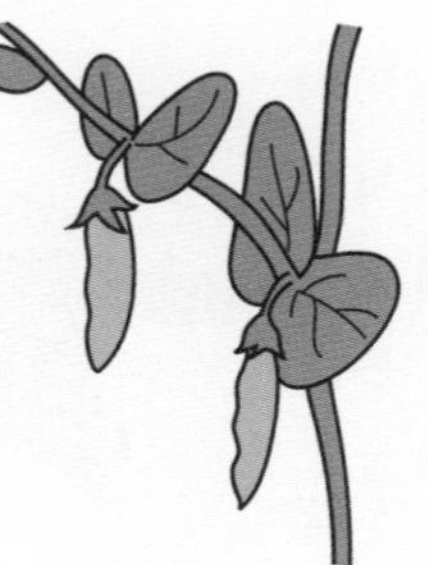

1. 采收时间 花朵枯萎后就开始结豆荚。开花后20～30天即可采收。

2. 采收方法 用剪刀从植株根部剪断。

蔬菜小知识

下酒小菜——煮豌豆

锅中倒入热水，放入花椒、大料、香叶、盐，开火加热至沸腾。倒入去皮后的豌豆加热至再次沸腾，关火后豌豆继续在锅中浸泡一会，以便入味。之后盛出，再配上香醇的啤酒。

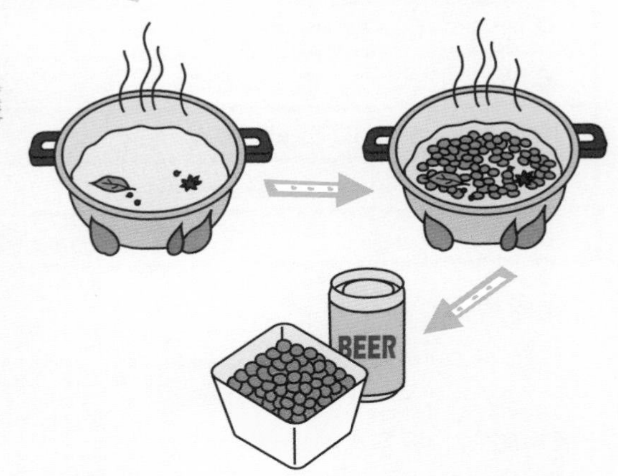

菜豆

菜豆，又称芸豆、架豆、芸架豆等，属豆科植物。菜豆的食用部分为嫩荚或鲜豆粒。从其形态看，有矮生种和蔓生种两个类型。一般居家阳台种菜多选择矮生种。芸豆富含蛋白质、脂肪和糖类，还有多种矿物质和维生素。

栽培日历

月份	1	2	3	4	5	6	7	8	9	10	11	12
播种			●	●					●	●		
间苗			●	●					●	●		
追肥			●	—	●				●	—	●	
收获	—	●			●	—	●					●

采收周期：三个月　　　　难易指数：★

种植

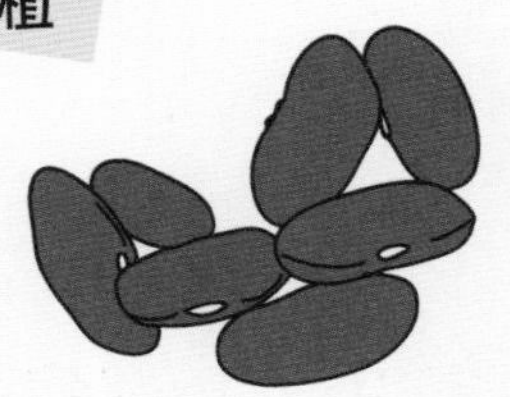

1. 发种 先将种子泡在水中约4个小时，然后再播到土中，以促进发芽。

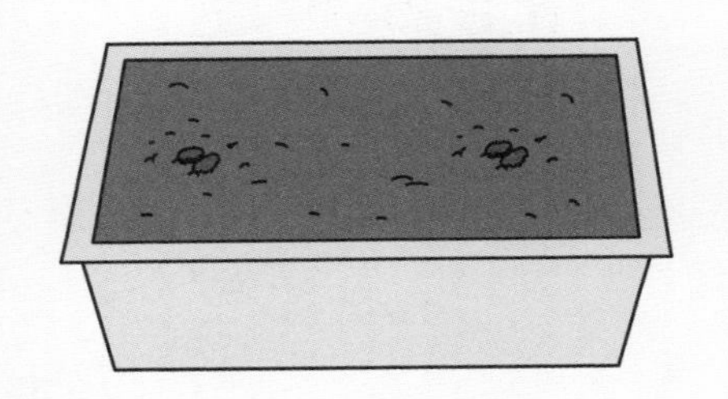

2. 撒种 选择容器深度要有20～30厘米，在容器中撒2～3粒种子。然后培上土。

3. 浇水 用水壶浇水，直至容器底部有水流出。

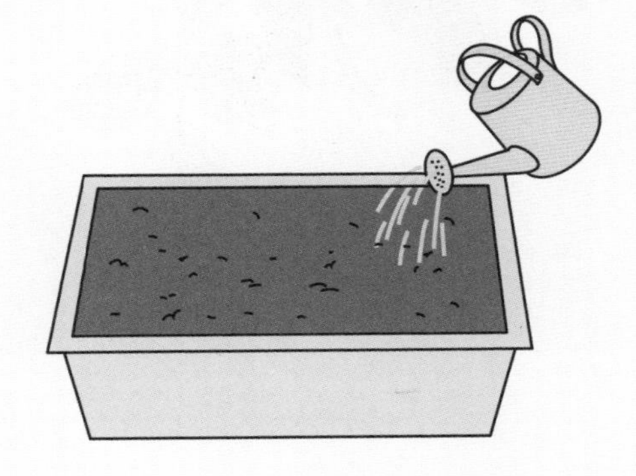

间苗

1. 待植株出苗后，间掉弱小的幼苗，保留一株健壮的幼苗。间苗后适当往植株根部培土。

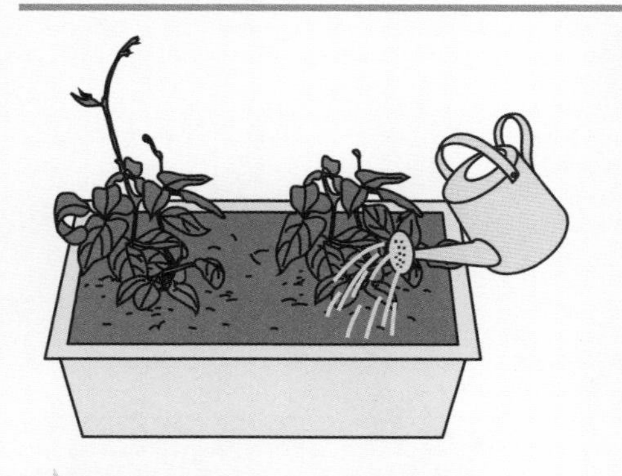

2. 浇水 苗期土壤不宜过湿，开花及嫩荚长出之前，少浇水。

追肥

待大部分豆荚长至5厘米长时，可适当多浇水，并结合施肥。

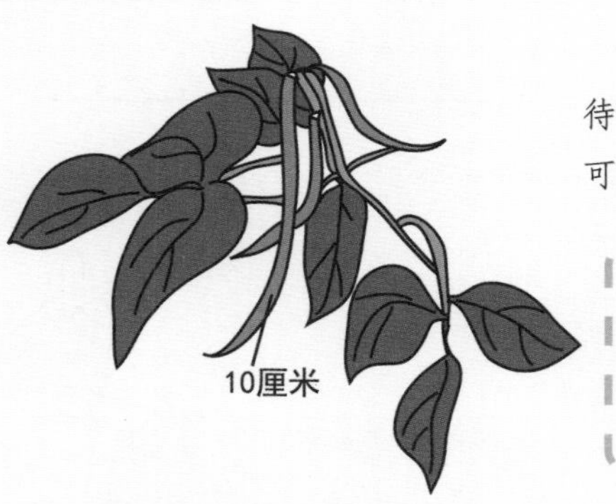

待豆荚长至10～15厘米时，即可采收。菜豆可多次采收，之后每采收2次，追肥1次。

TIPS：接近采收旺盛期时，由于叶片过多，下层通风透光不良，应随时摘除下部老叶，改善下层光照和通风条件，以免植株受虫害。

菜豆中含有皂素和毒蛋白两种有毒物质，这两种毒素必须在高温下才能被破坏，所以在烹饪芸豆时，一定要煮透。如加热不彻底就食用，易出现呕吐、恶心、腹痛、头晕等中毒性反应。

草莓为蔷薇科草莓属，为宿根性多年生常绿草本植物。草莓果肉多汁，鲜美红嫩，含有特殊的浓郁水果芳香。草莓含丰富维生素C，有帮助消化的功效，与此同时，草莓还可以巩固齿龈，清新口气，润泽喉部。

栽培日历

月份	1	2	3	4	5	6	7	8	9	10	11	12
播种										●	●	
追肥	●	●										
铺草		●	●									
收获				●	—	●						

采收周期：七个月　　　　难易指数：★★

种植

1. 选幼苗　要选择叶片有光泽，齿冠（叶子根部膨胀起来的部分）要粗壮。

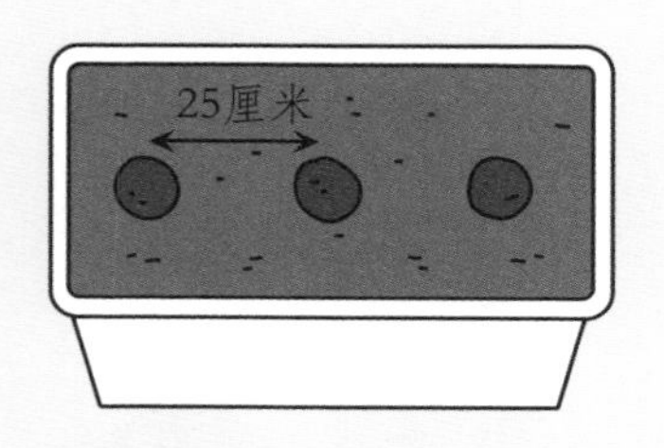

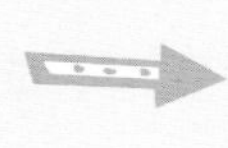

2. 移株　在准备好的花盆中挖一个洞，保证洞与洞之间的距离在25厘米左右。用手按住苗底，从小罐里取出，放入洞中，培土，土略盖住齿冠部分，轻压。

3. 浇水　一直浇到有水从容器底部流出，将花盆置于背阴处2～3天。由于草莓不耐干燥，即使是休眠期的冬季也不能忘记浇水。

摘枯叶

当有新芽长出后，要将枯萎的叶子摘除，如果发现开的花不结果也要摘除。

追肥

当植株开花后，在植株底部撒肥10克，并与土混合。可用水壶浇水，但要注意不要浇到花上。待植株长出果实后，也要追肥。

铺草

当结出果实后，可以在植株底部铺上干草。

TIPS：铺草可以防止土壤干燥，还能防止果实接触泥土而腐烂。

收获

开花1个月后，果实变红即可采收。用剪刀从蒂部上端一颗颗剪下即可，采收最好在清晨进行。

如何清洗草莓？

5分钟

草莓表面比较粗糙，如何清洗让人头疼。最好是用淡盐水或淘米水浸泡5分钟。因为淡盐水可以杀灭残余在草莓表面的有害微生物，让附着在草莓表面的昆虫及虫卵浮起，便于被水冲掉。清洗时应尽量避免用手搓揉，也不需要使用清洁剂。

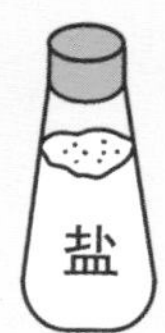

花生属蝶形花科落花生属一年生草本植物。花生有很高的营养价值，内含丰富的脂肪和蛋白质。花生中还含有丰富的维生素B2、A、D、E，钙和铁等，其矿物质含量也很丰富。特别是含有人体必须的氨基酸，有促进脑细胞发育，增强记忆的功能。

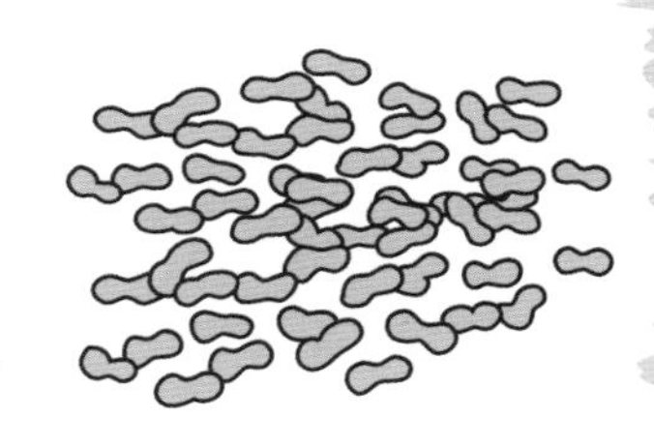

栽培日历

月份	1	2	3	4	5	6	7	8	9	10	11	12
播种				●	●							
间苗				●	●	●						
追肥					●	●	●	●				
收获											●	●

采收周期：六个月

难易指数：★★

播种

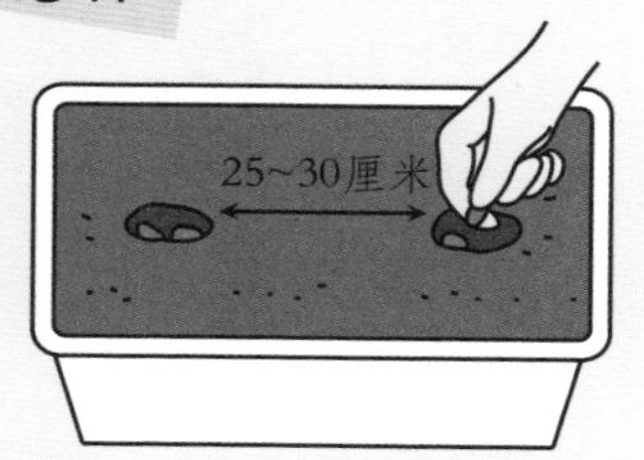

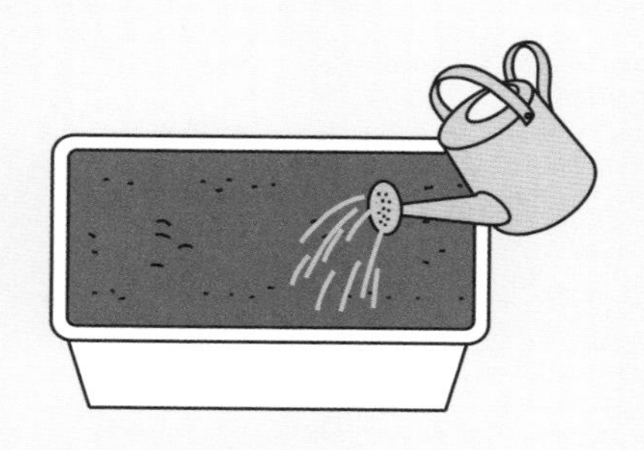

1. 撒种 在土中挖出3～5厘米的小坑，坑间距为25～30厘米。在每个小坑中放入2粒种子。

2. 培土 轻轻培土，将小坑培平后，用水壶充分浇水。

间苗

1. 间苗 播种10天左右开始发芽，将长势不好的小苗拔掉。

2. 培土 轻轻培土。并在之后要及时浇水，保持土壤湿润。

追肥

植株开花前后要追肥2～3次，并勤浇水。

TIPS：在花生开花、结荚期是需要水分最多的时期，因此这时候一定要常浇水，这关系到花生的产量。

培土

待花谢后，子房开始发育，这时要及时在植株根部培土。

收获

1. 采收时间 茎、叶变黄后，就可以采收了。

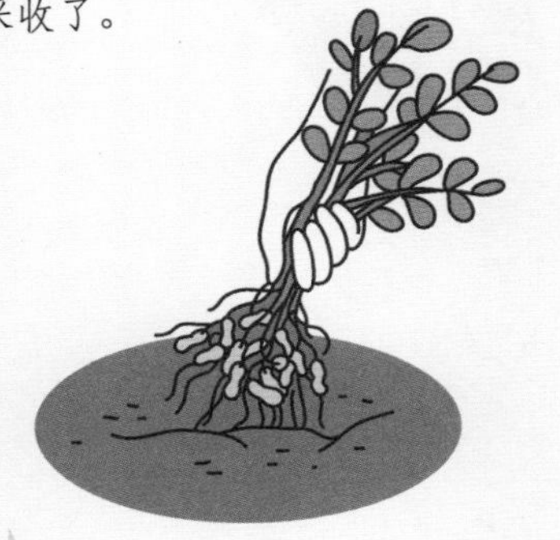

2. 采收方法 将植株整体拔出即可。

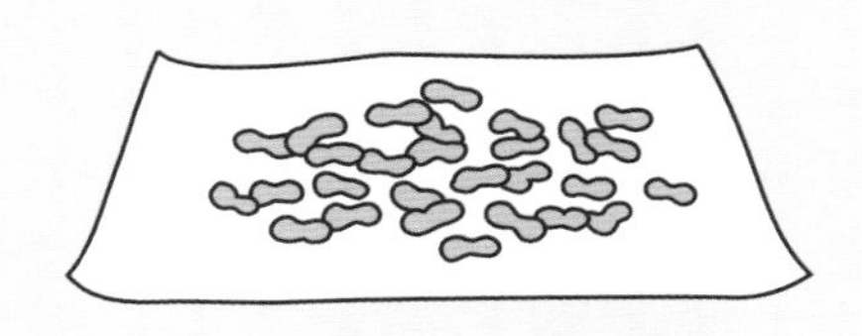

3. 将采收的花生置于通风，日照条件好的地方晒干。

花生的烹饪方法

花生可加盐在锅中煮约20分钟，之后去壳食用。

晒干的花生可带壳在锅中炒约30分钟，之后去壳食用。

PART 4

耐储藏的地下茎及根菜

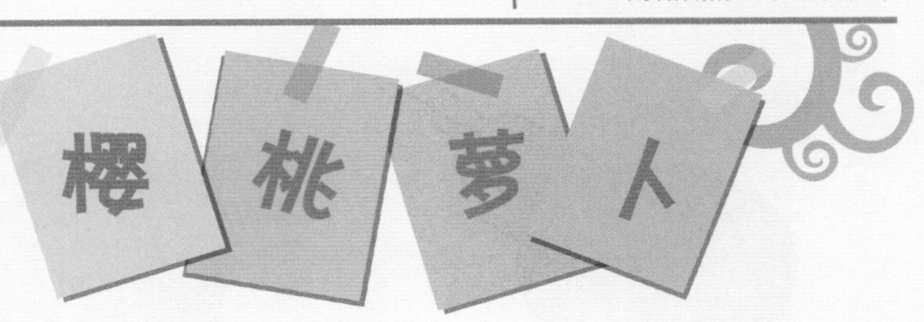

樱桃萝卜

樱桃萝卜是十字花科萝卜属一二年生草本。它们含有丰富的纤维.维生素A、B、C、E等营养，除了可以做沙拉外，还可以炒菜，做汤。而且它们培育期较短，是初学者能轻松培育的一种根菜，赶快跟我学如何种植樱桃萝卜吧！

栽培日历

月份	1	2	3	4	5	6	7	8	9	10	11	12
播种		●	—	—	—	—	●		●	—	●	
间苗				●	—	—	●			●	—	●
追肥					●	—	—	●		●	●	
收获				●	—	—	—	●		●	—	●

采收周期：五周

难易指数：★

播种

1．将土壤填至距花盆上端2厘米处。

2．用洒水壶浇透水，充分浸湿土壤。

3．播种 将种子放在手上，用指尖撒播，种子间隔2～3厘米。

4．培土 用小铲子将土盖在种子上，充分浇水，将花盆移至背阴处放置2～3天。

5．浇水 播种后2～3天即可发芽。发芽后将花盆移至日照较好处，并及时浇水以免土壤干燥。

间苗

1．拔苗 当芽长出来以后，将弱小的拔掉，使株间距为3厘米左右。

2. 培土 防止留下的苗倒掉，往根部适量培土，大约到子叶下。

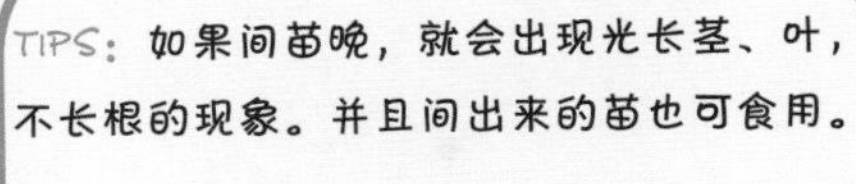
TIPS：如果间苗晚，就会出现光长茎、叶，不长根的现象。并且间出来的苗也可食用。

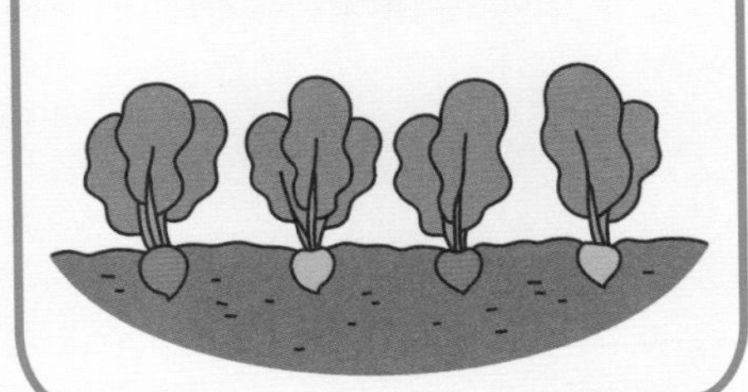

追肥

当真叶开出3片后，施肥10克，与土壤混合。

收获

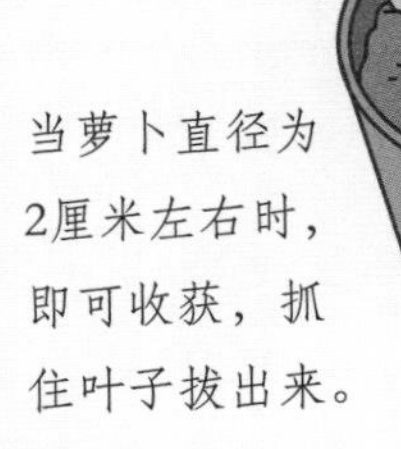
当萝卜直径为2厘米左右时，即可收获，抓住叶子拔出来。

五彩樱桃萝卜

樱桃萝卜还可以培育混合种子，可以一次种出红、白、紫、粉、浅紫5种颜色的樱桃萝卜。

胡萝卜是伞形科胡萝卜属二年生草本植物。其含有大量的胡萝卜素，是人体制造维生素A的主要来源，同时具有蛋白质、B族维生素等元素，熟食或生食都对人体有益。

栽培日历

月份	1	2	3	4	5	6	7	8	9	10	11	12
播种			●—	—●			●—	—●				
间苗				●—	—●			●—	—●			
追肥				●—	—	—●		●—	—●			
收获						●—	—●		●—	—	—●	

采收周期：十周　　　　难易指数：★★

播种

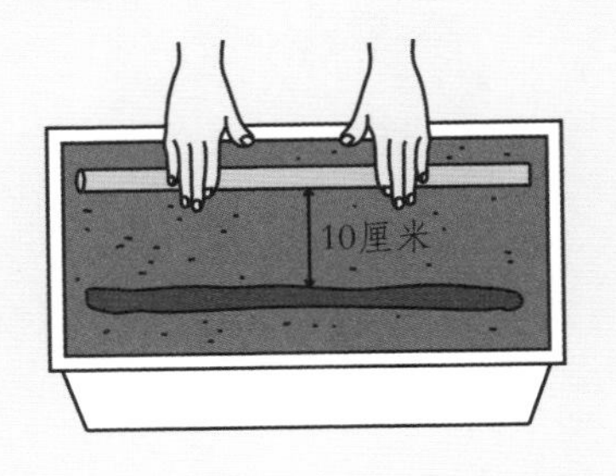

1．播种 在花盆中造两条间距约为10厘米的土壕。每隔1厘米放一粒种子，种子不能重叠。

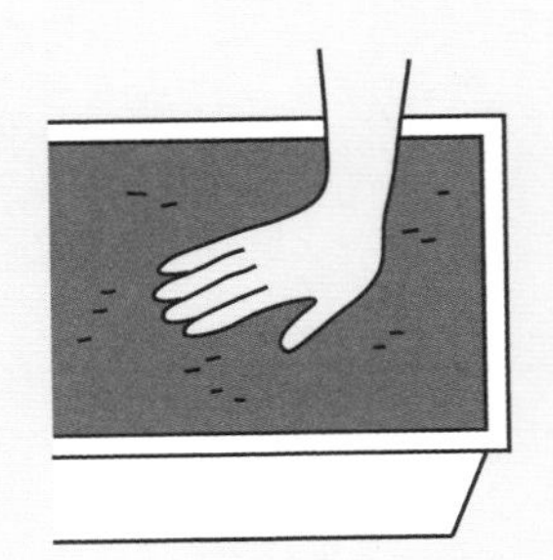

2．浇水 覆土后用手轻压。充分浇水后，将花盆放置在背阴处7～10天。植株发芽后将花盆移至日照条件好的地方，并及时浇水。

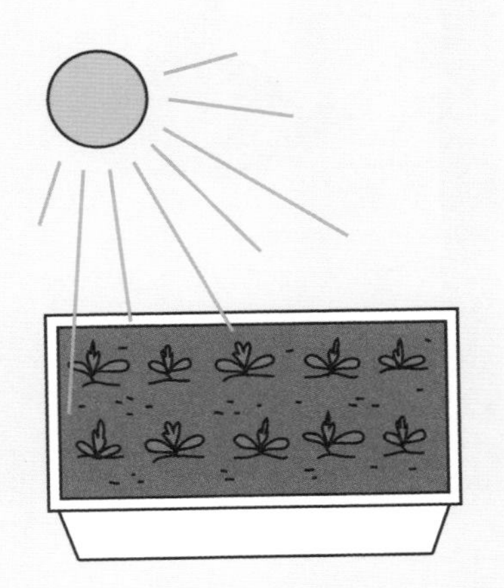

TIPS：在胡萝卜生长过程中，可以挖开一点土壤，观察胡萝卜的大小。等胡萝卜能采收后，要及时采收，否则胡萝卜的根部会变硬，影响其食用味道。

间苗

1. 间苗 当植株长出3～4片真叶时就要间苗，以免植株叶片混杂影响发育。

2. 培土 间苗结束后要及时在植株根部培土，以免植株倾倒。随着植株的发育，其根部会逐渐露出土表，也需要及时培土。

追肥

在壕间撒肥10克，与土混合。

收获

从土表观察植株根部发育状况，优先采收发育较好的植株。抓住植株根部将植株拔出。

蔬菜小知识

如何防止迷你胡萝卜的植株倾倒

在迷你胡萝卜的培育过程中，其根部会逐渐长出土表，如不及时将长出土表的部分覆上土壤，植株就会倾倒，从而影响植株的发育。

芜菁又名大头菜，芜菁为二年生草本，芜菁的根部和叶都可以食用。其含有丰富的纤维素、维生素A、维生素C、维生素K、叶酸、钙，以及其他矿物盐。小芜菁肉质柔嫩，可以炒食、煮食或腌渍。

栽培日历

月份	1	2	3	4	5	6	7	8	9	10	11	12
种植		●	—	●		●	—	●				
间苗			●	●		●	—	●				
收获					●	—	●	●	—	●		

采收周期：五周

难易指数：★

播种

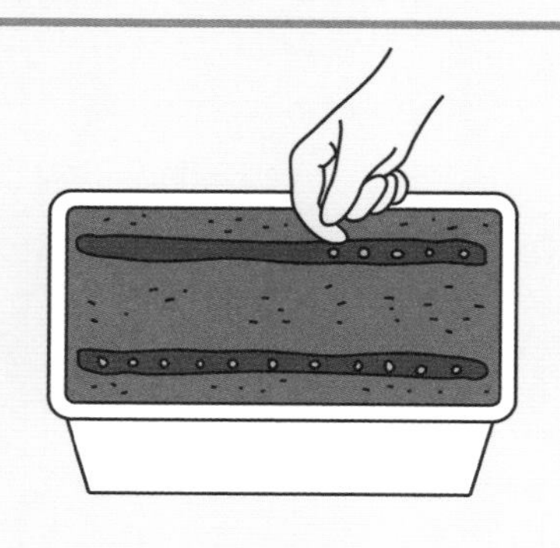

1．筛土 芜菁适合在细致的土壤中发育，播种前要先筛土、整平。

2．撒种 在土中划出两条浅沟，每隔1厘米播1粒种子。

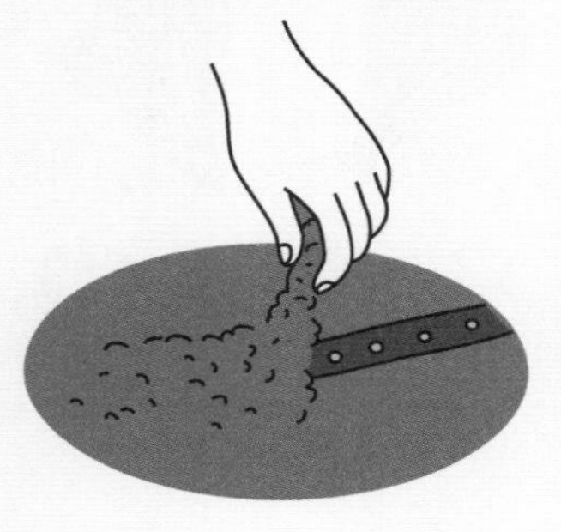

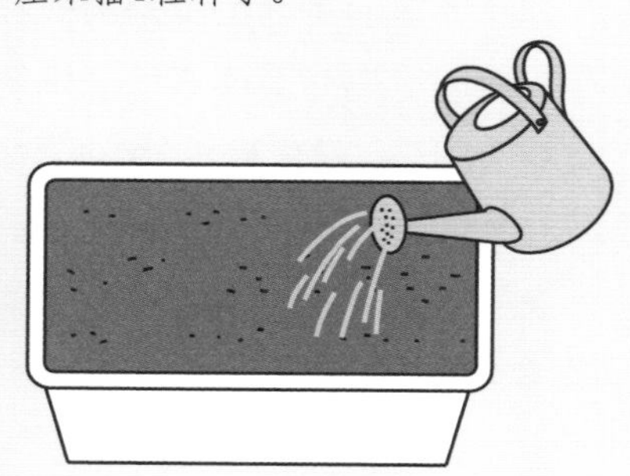

3．浇水 轻轻培土后要充分浇水。并将其放置在背阴处4～5天，待发芽后将花盆移至日照条件好的地方，并及时浇水。

间苗

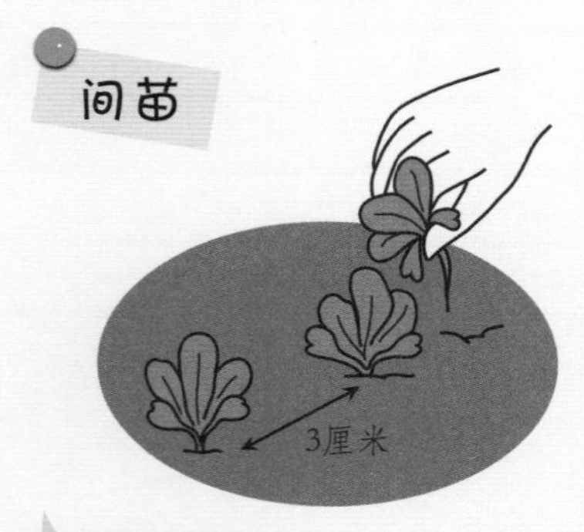

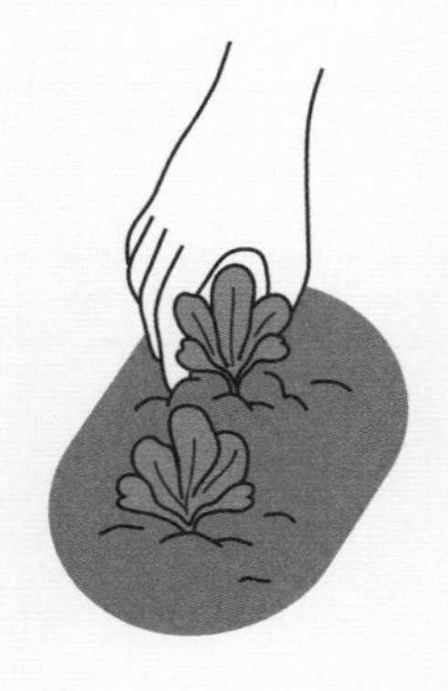

2．培土 间苗后的小苗根部会松动，所以要在根部适当培土。

1．拔苗 将发育较差的小苗用手指捏住拔掉，使株间距为3厘米左右。

二次间苗

1. 间苗 待植株生长一段时间后，会出现植株叶片混杂的现象，这时要进行二次间苗。

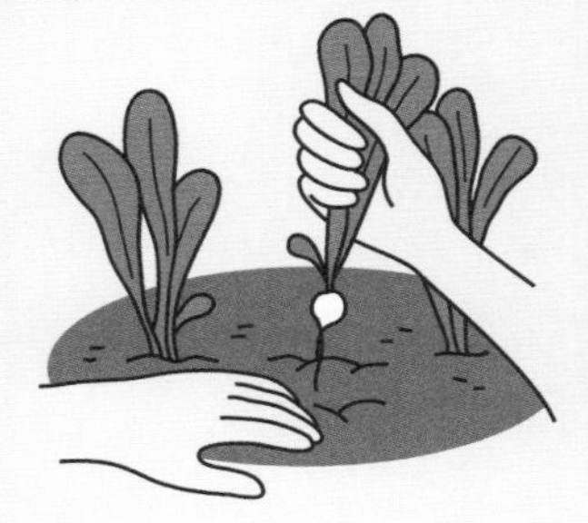

TIPS：为了保护健康植株，间苗时可用手按住其根部土壤，另一手拔掉发育弱小的植株。

2. 浇水 若土壤干燥，植株根部会容易开裂，所以要注意及时浇水。

收获

植株根部直径达到3～5厘米时即是最佳采收期。抓住植株根部将其拔出即可。

凉拌小芜菁

原材料：新鲜小芜菁，蒜5瓣，辣椒1个，香菜少许。

调味料：盐适量，香油、糖各1小匙，白醋1大匙。

做法：

1. 将小芜菁切段，用1小匙盐腌至软化后，用水冲洗盐分，再挤干水分备用。
2. 小芜菁段、蒜末、辣椒末，加调味料及香菜段拌匀，即可盛盘上桌。

土豆的学名是马铃薯，为茄科茄属多年生草本。土豆中含大量淀粉以及蛋白质、B族维生素、维生素C等，能促进脾胃的消化功能。而且土豆还具有减肥、保持血管弹性、排钠保钾等作用，对高血压患者有利。

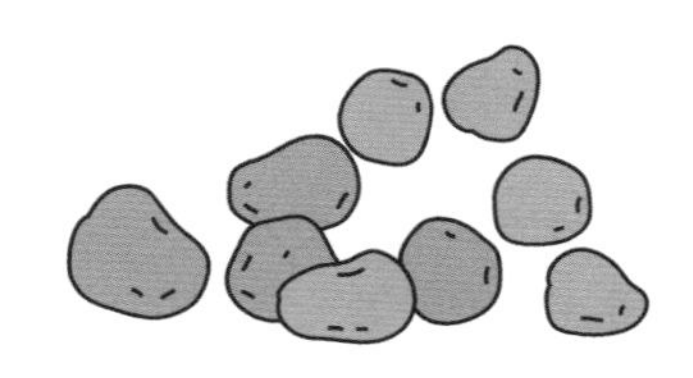

栽培日历

月份	1	2	3	4	5	6	7	8	9	10	11	12
种植			●	●				●	●			
摘芽			●	●				●	—	●		
追肥				●	●				●	●		
收获						●●					●	●

采收周期：十三周　　　　难易指数：★

种植

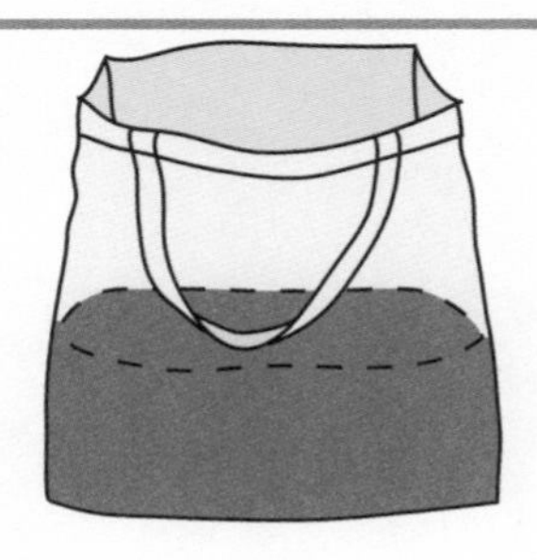

1. 种植土豆我们可以利用家里不用的购物袋来培育，先将土壤装到袋子的一半。因为在栽培期间要不断加入土，所以可选择大些的袋子。

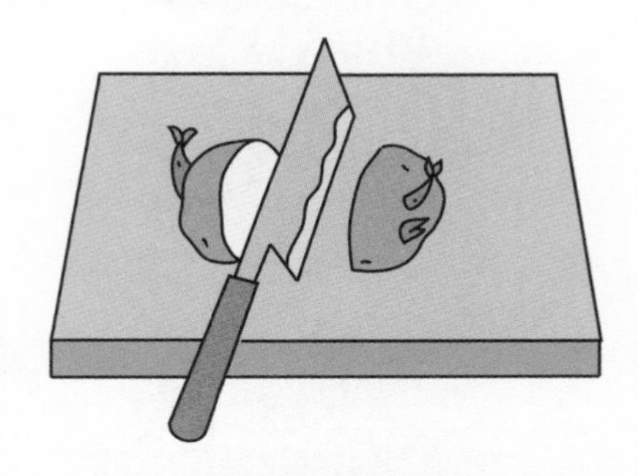

2. 切种薯 将种薯用刀切开，并保证每块都有长芽的部分，切的块不要过小，每块重约20～40克。

栽培土豆一定要选择脱毒的种薯，而且还要有芽。如果用我们平时吃的土豆或在菜园栽种的土豆做种，很容易感染病毒，并影响收获。

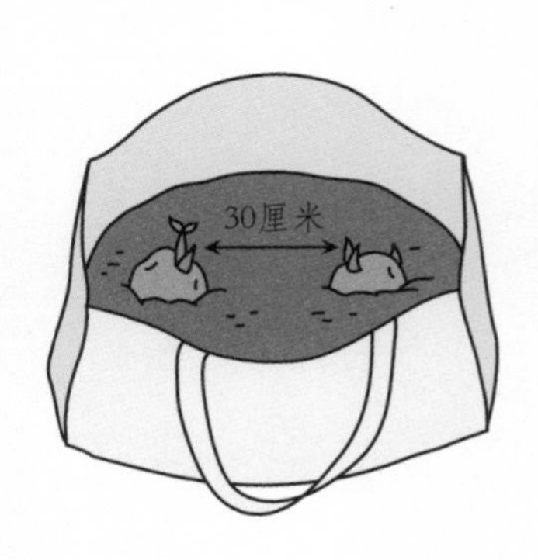

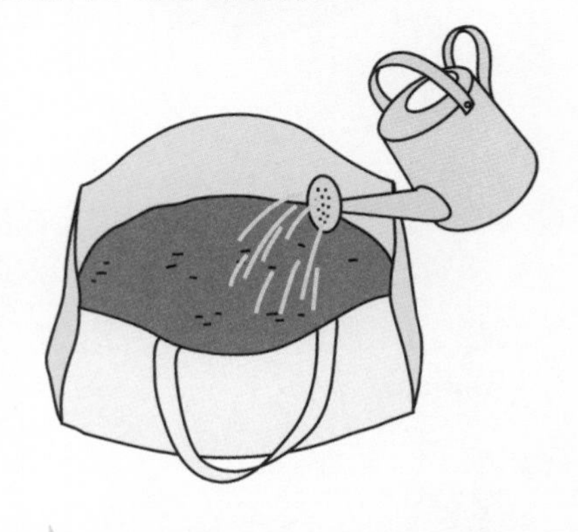

3. 种植 将种薯切口向下，放入挖好的洞中。保证种薯之间的距离在30厘米左右。

4. 培土 在种苗上方培上大约5厘米的土。充分浇水，在发芽之前保持土壤湿润。

TIPS：**切种薯时，除了要保证每块都有芽以外，还要掰掉部分新芽。因为新芽太多，长出来的土豆会很小。**

摘芽

待新芽生长到10～15厘米时，要用剪刀将发育弱小的新芽从其根部剪掉，保留1～2株即可。

追肥

1．第一次追肥 摘芽之后，植株需要追肥，按照1千克土壤配1克化肥的比例，将土与化肥混合倒入袋子里，倒入大约10厘米的土壤。

2．第二次追肥 待植株开花之后，要进行第二次追肥，其做法与第一次追肥一样。不断的培土，能够防止土豆变绿。

收获

1．采收时间 茎、叶变黄、干枯后，就可以采收土豆了。

2. 采收方法 用手拔出茎，土里的土豆也就跟着出来了。

3. 刚采收完的土豆要将其表皮晒干，这样土豆不容易坏掉，并易保存。

怎样保存土豆

土豆是长期保存的蔬菜，所以学习怎样保存土豆是很重要的。

可以将土豆和一个苹果一起放在袋子里，因为苹果释放的聚乙烯可防止土豆发芽，有利于土豆的长期保存。

值得注意的是，当土豆有变绿或发芽的部分不要食用，因为其中含有毒素。

姜为姜科姜属植物，是居家常用的调味料，可依照采收时间分为子姜和老姜，辛辣程度和所含姜辣素也随生长时间而提高，姜不管生食或调味都具有保健功能。

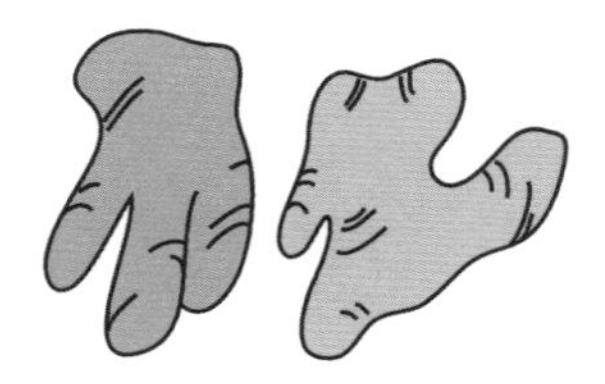

栽培日历

月份	1	2	3	4	5	6	7	8	9	10	11	12
种植					●							
追肥						●	●	●	●			
收获							●	●		●	●	

采收周期：七个月

难易指数：★

种植

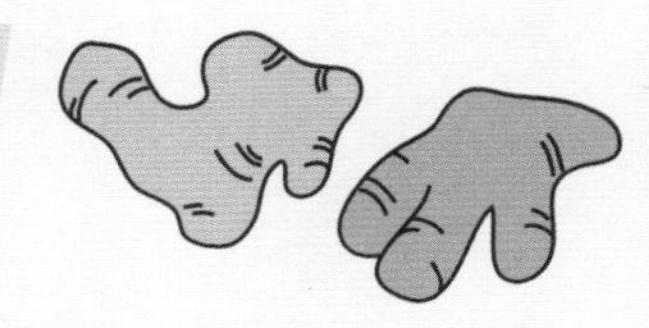

1. 选种姜 栽培生姜所用的种子，一定要选择陈姜，并且不能有破损。

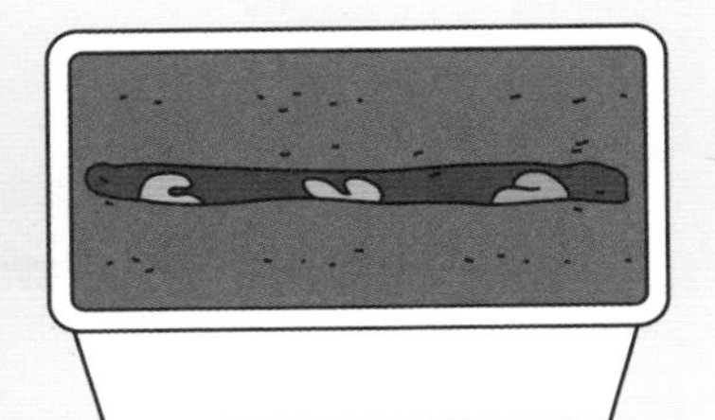

2. 种植 选择20厘米深的花盆，在土中划出5厘米深的沟，每隔10厘米放入一块陈姜。

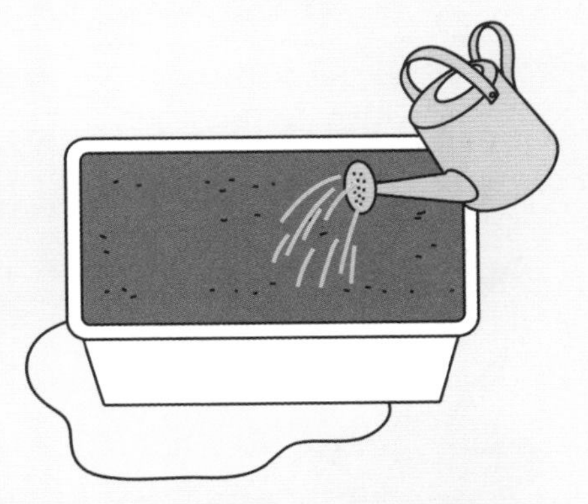

3. 培土 用手培上一层土，之后要充分浇水，直至花盆底部有水流出。并将其放置在背阴处。

追肥

待植株发芽后，选用磷肥在植株底部施肥，促进植株根部生长，并与土混合。

TIPS：生姜不耐高温，如正处在炎热的夏季，必须采取适当的遮阴措施，这样才能使姜幼苗生长良好，否则易导致姜苗矮小而造成减产。

收获

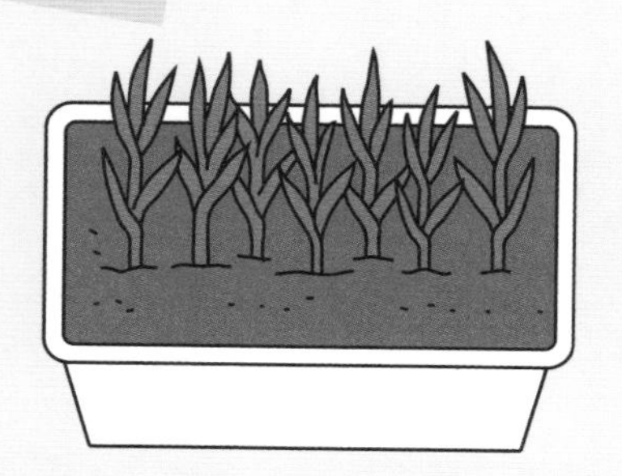

1. 第一次采收 初夏时节，植株长出真叶时即可采收子姜。

2. 采收方法 可将植株直接拔出，但要留下一部分继续培育。

3. 第二次采收 待植株的茎、叶长大后即可采收老姜。

蔬菜小知识

生姜的果实种类

子姜 又称为紫姜，其口感清脆，可蘸酱生食。

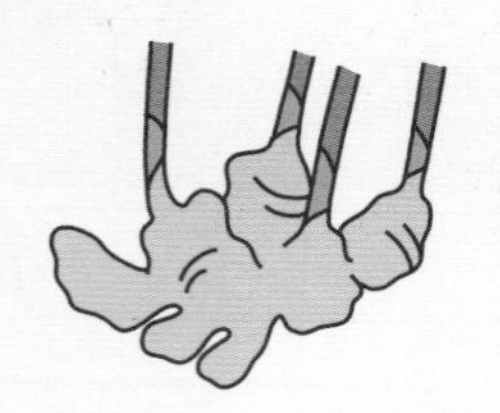

老姜 又称为姜母，一般腌渍食用。

陈姜 通常作为培育生姜的种子，也可切丝或研碎食用。

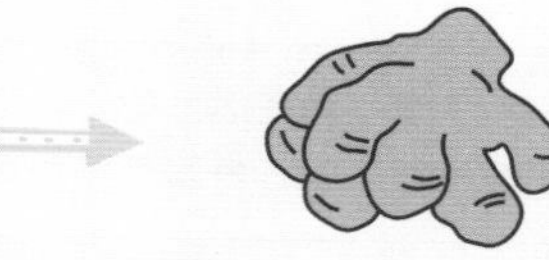

PART 5

营养丰富的芽苗菜

萝卜苗

萝卜苗是种苗泡发的代表。其略带辛辣味，但口感脆爽，适合生食或做汤。

培育方法

1. 将海绵或棉花或纱布等吸水性材料铺于封底花盆底部，加水至稍漫过其表面，放入种子。

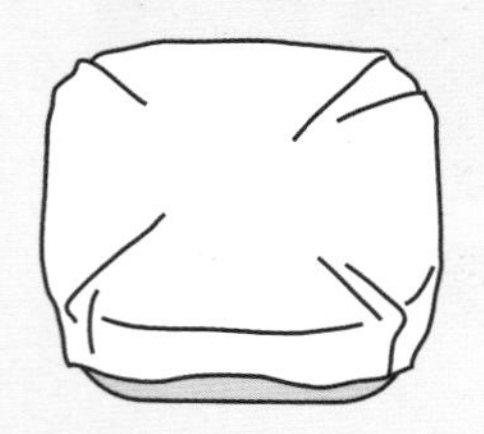

2. 种子发芽前要用棉质的湿布遮住花盆口，移至背阴处，避免光照。

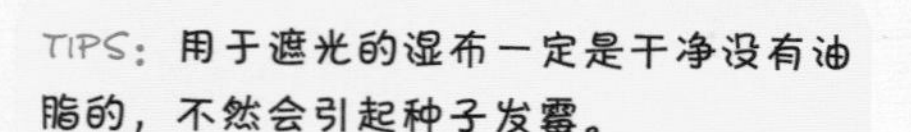

TIPS：用于遮光的湿布一定是干净没有油脂的，不然会引起种子发霉。

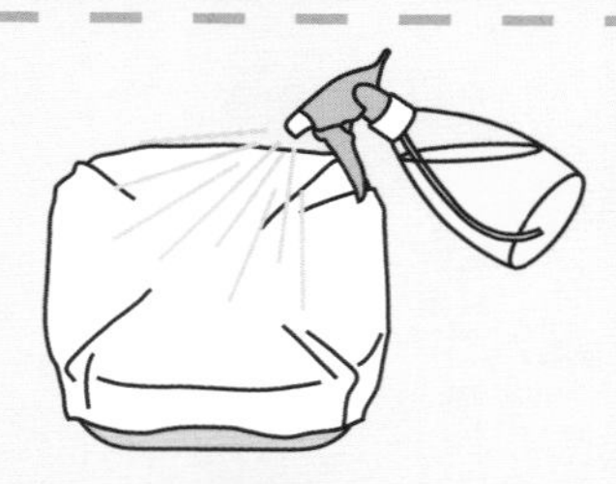

3. 早晚各用喷雾器浇水1次。保持花盆温度在18℃～20℃，2天后即可发芽。

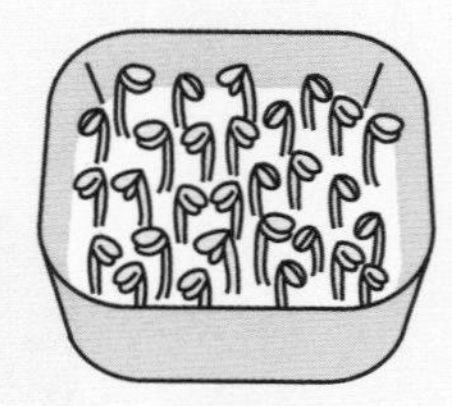

4. 种子发芽后将花盆移至日照条件好的地方，每天换水。

5. 一周左右，根芽开始长长，很快就可以采收了。

豌豆苗

豌豆苗的茎、叶、蔓均可食用，营养价值高，维生素C的含量远高于青豌豆。

培育方法

1. 豌豆一把，提前用清水泡制24小时。

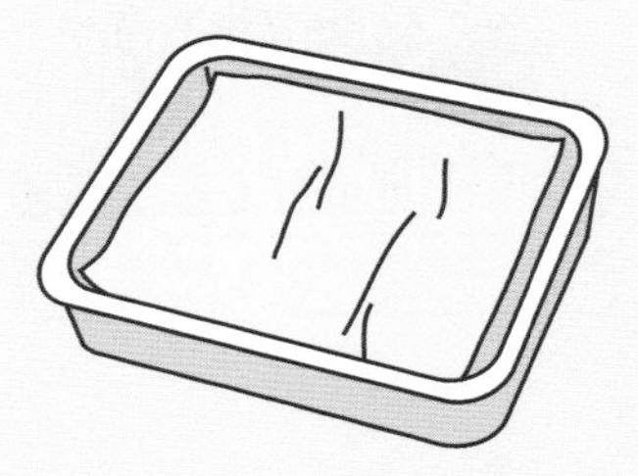

2. 将棉花或纱布等吸水性材料铺于托盘底部。

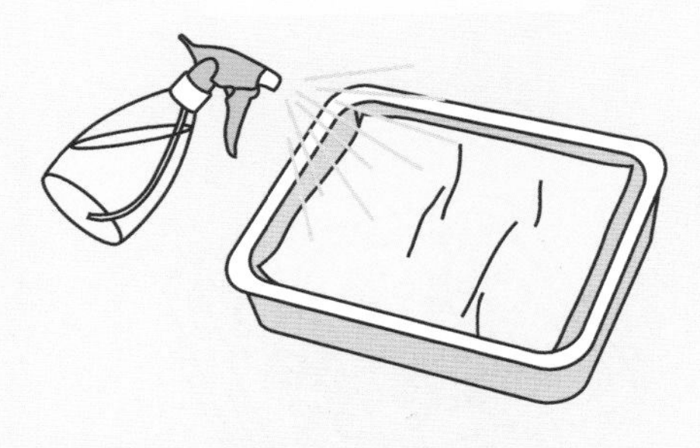

3. 用喷壶将布或棉花打湿。

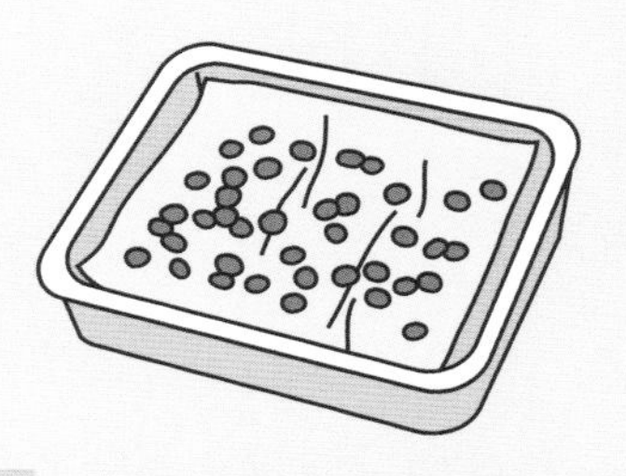

4. 将泡发好的豌豆撒在盘中。

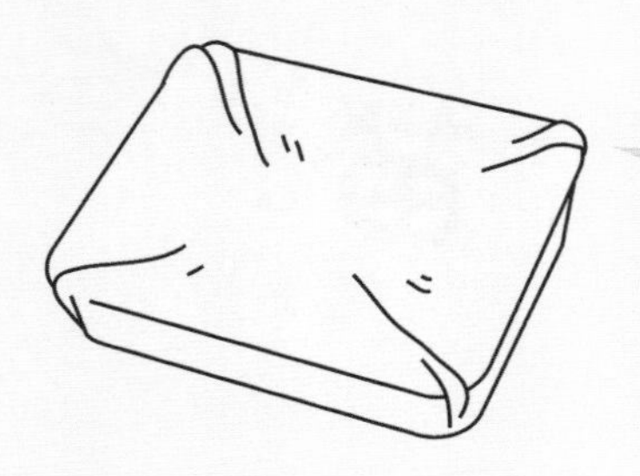

5. 用一块棉质湿布盖上，放置到阴凉干燥的地方进行催芽，环境温度在20℃～23℃之间最好，温度过低不容易出芽，过高容易长菌烂芽。

6. 豌豆芽发芽很快，第二天就能看见白色的根芽了。

7. 第4～5天时，根芽已经长长，真正的豌豆苗已经出来了。

8. 这时将托盘移至日照条件好的地方，很快就能收获营养丰富的豌豆苗了。

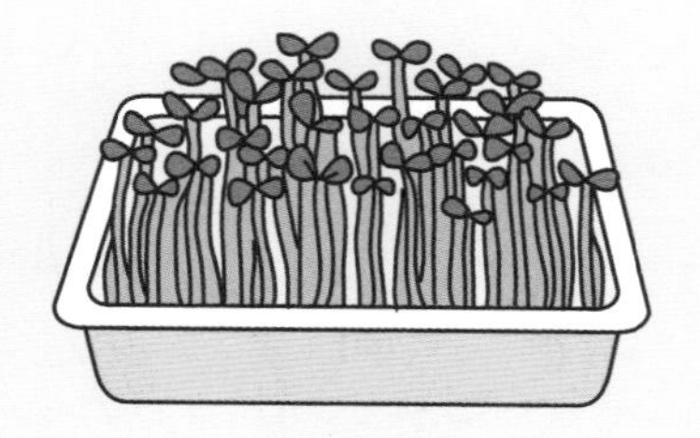

TIPS：铺于托盘底部的吸水性材料也可以用厚些的白纸代替，但千万别用报纸，因为含铅。

黄豆芽

大豆发芽即为黄豆芽。如大豆发芽期间接受光照，豆粒部分将变成绿色。黄豆芽富含蛋白质、维生素和钾元素、食用方法多种多样。

培育方法

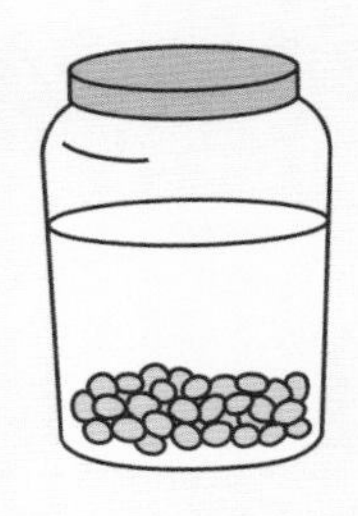

1. 将种子清洗，去除杂质后放入消毒的瓶子中加水浸泡一夜。

2. 将瓶中的水倒出，用纱布封住瓶口。每天隔着纱布洒水，并将瓶子置于背阴处。

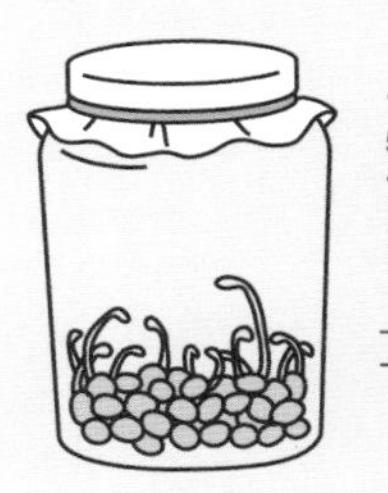

3. 保持瓶子温度在18～20℃，2天后即可发芽。

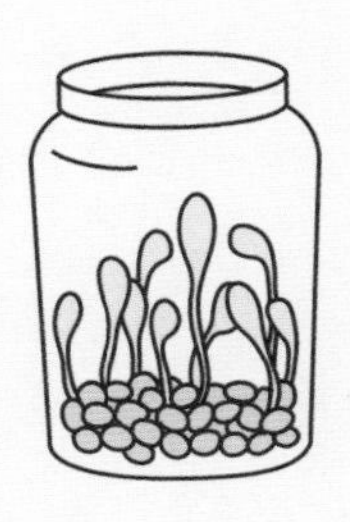

4. 发芽后7～10天撤掉纱布，将瓶子置于日照条件好的地方。

TIPS：黄豆芽要多浇水，避光线。如遇光，豆芽的大头就会变绿，味道也会变差。

附录一

食物搭配禁忌

生　菜：不能与螃蟹同食，生菜富含维生素C，可能会导致螃蟹里的砷被还原成三氧化二砷，导致中毒。

菠　菜：忌与豆腐同食。

小白菜：忌与兔肉同食。

油　菜：忌与南瓜同食。

苦　菊：忌与蜂蜜同食。

葱：忌枣、杨梅、蜜糖，如同食会产生胸闷。忌常山、地黄。

洋　葱：洋葱和蒜不能一起吃。蜂蜜和洋葱一起吃会伤害眼睛。

蒜：一般不与补药同用，忌蜜、地黄、何首乌、牡丹皮。大蒜与大葱同食会伤胃。

韭　菜：不可与菠菜同食，二者同食有滑肠作用，易引起腹泻。也不可与牛奶、牛肉、蜂蜜同食。

芹　菜：忌与醋同食，否则易损牙齿。忌与蚬同食，会引起腹泻。

西兰花：忌与牛奶同食，会影响钙的消化及吸收。忌与猪肝同食，影响人体对微量元素的吸收。如西兰花与西葫芦同食，西葫芦会将西兰花中的维生素C破坏掉。

西红柿：忌与鱼肉同食，食物中的维生素C会对铜的析放量产生抑制作用。也忌与黄瓜、红薯同食。

茄　子：忌与墨鱼、蟹同食。过老的茄子不能吃，食后易中毒。

黄　瓜：忌与西红柿同食，西红柿中含大量维生素C，有增强机体抵抗力、防治坏血病、抵抗感染等作用。而黄瓜中含有维生素C分解酶，同食可使其中的维生素C遭到破坏。

南　瓜：不可与富含维生素C的蔬菜、水果同吃；不可与羊肉同吃，同吃易发生黄疸和脚气病（维生素B1缺乏症）。鲤鱼与南瓜同食中毒；鹿肉与南瓜同食则会引起腹胀。

毛　豆：忌与芹菜、菠菜、蕨菜、萝卜、红薯等同食。

草　莓：忌与海鲜同食。

白萝卜：忌与红萝卜、胡萝卜混吃，因红萝卜中含分解酵素会破坏白萝卜中的维生素C。严禁与桔子同食，如同食会患甲状腺肿。同时也不能与梨、苹果、葡萄等水果同食。忌与何首乌、地黄、人参混食。

胡萝卜：不得与酒同食，因为胡萝卜素与酒精一同进入人体，会在肝脏产生毒素，引起肝病。还不宜与西红柿、萝卜、辣椒、石榴、莴苣、木瓜等一同食用，因胡萝卜中含有分解酶，可使其他果菜中的维生素失去。胡萝卜最好单独食用或与肉类一起食用。

红　薯：忌与鸡蛋同食，会引起腹痛。红薯还不宜与香蕉同食。

土　豆：忌与香蕉、芋头同食，如同食面部易生斑。忌与石榴同食，同食会引起中毒，可以用韭菜水解毒。

生　姜：马肉与姜同食，会引起咳嗽。

花　生：花生与毛蟹相克，同食易导致腹泻。花生忌蕨菜、毛蟹、黄瓜。

附录二

阳台种菜问题&解答

Q 使用不同材质的容器栽培蔬菜，会对蔬菜有影响吗？

栽培蔬菜并不会因为容器的材质而影响蔬菜的品质，基本上只要大小符合，且底部有洞，不会让植株积水的容器都是可以使用的。

Q 阳台种菜，怎么判断该用多大的容器？

我们在用容器种植蔬菜时，总会担心容器的大小不够用的问题，一般只要遵循一个大原则：收成期短的蔬菜用小容器，收成期长的蔬菜用大容器，这样就不会出错了。

Q 家里的室内是否适合种植蔬菜？

光照对于蔬菜是很重要的，大部分蔬菜都需要半日照至全日照的环境才能良好的生长。若在室内种植蔬菜要先判断光线来源和光照时间是否稳定，在光照不足的情况下，可以选择一些耐阴性强的蔬菜种植，如西兰花、生姜等，或者培育不太需要阳光的苗芽菜。

Q 每次采收完蔬菜后，容器中剩下的土壤该怎么处理？

收获后的栽培用土应该倒出来整理一下，先将残留的根茎和幼虫清除，再将土壤摊散在阳光下，使其暴晒消毒3～5天，也可以将土壤装进黑色大塑料袋中暴晒。最后加入部分基肥搅拌均匀，这样就又是一份营养又干净的土壤了。

Q 哪些蔬菜适合初学者种植？

应选择生长期短，较常见的叶菜，可以选择生菜、油菜、小白菜、香菜等。初学者还要注意，每种蔬菜都有适合的栽培季节，如果类中的丝瓜、黄瓜等适合在夏季种植，而菠菜、香葱等可以在春季或秋季种植。在合适的季节种植适合的蔬菜，成功率高，并且能吃到最新鲜的应时蔬菜。

Q 在阳台上种菜，会招引蚊虫吗？

要避免招引蚊虫就要做好日常的管理，除了要固定时间除虫、防治，还可以在蔬菜的选择上下功夫，可选择一些气味比较浓重的植物，如香菜、辣椒、香葱等，因此借助植物自身的味道驱赶蚊虫。

Q 若阳台一边日照强烈，另一边阳光照不到，怎么做植株才能健康生长？

要按照不同日照程度，挑选需光性不同的蔬菜作物，如在光照强烈的一面可种植辣椒、茄子、黄瓜等；在日照不强的一面可种植西兰花、生姜、芽苗菜等。若光照程度落差太大，最好每周视植株生长情形，调整容器位置，防止有的植株失水严重，有的日照不足产生徒长。定期为植株调换位置对其健康生长是很有利的。

在阳台上种菜，施什么肥才不会产生异味？

对于封闭式阳台最担心的就是给蔬菜追肥后出现异味，开放式阳台对这方面的顾虑相对较小，但是多少也会影响到居家品质。最好不要选择厨余堆肥，建议收集枯叶和杂草，然后一层层堆到桶里，待这些枝叶腐烂发酵后，就可以当堆肥使用了。或者将厨余切碎晒干，去除多余的水分，2～3个月后发酵完成，将其加入土壤或作为基肥都很好用。

夏季油菜长的过高怎么办？

夏季油菜长得过高会影响采收，为了避免这样的情况发生，夏季可采取遮光或移至背阴处等措施。

给韭菜追肥最简单的方法是什么？

韭菜喜氮肥，可以把黄豆煮熟后，放在密封的容器中充分发酵后，埋在土壤中，这样种出来的韭菜不仅好看，而且好吃。

播种后不发芽怎么办？

其原因可能是温度过低，紫苏的适宜发芽温度在25℃以上，所以要在播种时保证土壤温度。

黄瓜苗发芽一个星期了，只长个头，不长叶子，是什么原因？

可能是水浇多了，也有可能光照不足。在平时一定要细心观察土壤状况和日照条件。

南瓜秧枯萎怎么办？

这是南瓜的枯萎病，可加大有机肥的施入量，同时在浇水的时候注意不要把水洒遍整个地方，只需在根部浇足够水，以防止枯萎病的蔓延。发生病害的叶子或植株应都摘掉，并清理现场。

为什么给辣椒浇水时花会掉落？

在辣椒的开花期，一定要掌握好浇水的方式，不能直接向植株上浇灌，这样很容易打落花蕾。可选择在植株根部浇水的方式。

毛豆叶子变黄、枯萎怎么办？

可能是由于植株缺水，夏季要及时浇水。毛豆在日照条件较好的地方容易生长，但要注意及时浇水。

什么原因导致豌豆的植株发育不良？

可能是水分过多的原因。豌豆不宜在潮湿的环境生长，如果水分过多，会使叶子颜色变淡，根部腐烂，影响植株生长。

为什么草莓的叶子和果实发白？

这种情况的植株应该是得了白粉病，这种病通过风传播，极有可能扩散。所以一旦发现 患病植株要及时摘除。

为什么樱桃萝卜的种子不发芽？

可能是缺乏日照的原因，樱桃萝卜对日照条件要求较高。所以在种植樱桃萝卜时一定要保证有充足的阳光。

芽苗菜为什么发红？

水太多，或者在发苗期间见光了。